万物理论

［英］弗兰克·克洛斯　著

张孟雯　　　　译

生活·讀書·新知 三联书店

图书在版编目（CIP）数据

万物理论／（英）弗兰克·克洛斯著；张孟雯译.
—北京：生活·读书·新知三联书店，2020.12
（通识文库）
ISBN 978 - 7 - 108 - 06906 - 1

Ⅰ.①万…　Ⅱ.①弗…②张…　Ⅲ.①物理学
Ⅳ.①O4

中国版本图书馆 CIP 数据核字（2020）第 135171 号

责任编辑　韩瑞华
封面设计　黄　越
责任印制　黄雪明
出版发行　生活·讀書·新知　三联书店
　　　　　（北京市东城区美术馆东街 22 号）
邮　　编　100010
印　　刷　常熟市文化印刷有限公司
版　　次　2020 年 12 月第 1 版
　　　　　2020 年 12 月第 1 次印刷
开　　本　880 毫米×1092 毫米　1/32　印张　6.125
字　　数　107 千字
定　　价　38.00 元

目　录

1

开尔文勋爵的狂妄

1980年，斯蒂芬·霍金（Stephen Hawking）曾如此推测：理论物理学可能终结在即，而万物理论也许就要到来。他是否无意识地重复了美国科学家阿尔伯特·迈克耳孙（Albert Michelson）在1894年的断言，"重要的基础性原则都已经稳固地建立好了，物理学进一步的真理就只能在于探寻小数点后第六位是什么了"[1]，抑或是效仿了开尔文勋爵（Lord Kelvin）在1900年的主张，"物理学现在已经毫无新东西可以发现，剩下的就只是越来越精确的测量"[2]？也许不是。

自然本身清楚什么在我们目前的视野范围之外，它也在不断地揭露我们想象力的局限。在开尔文勋爵发表上述评论后的几年，核原子的发现、量子力学和相对论的兴起，使这些涌现于19世纪的科学巨人们显得颇为幼稚。然而真相事实上更加微妙，从结果来看，也有着不一样的蕴意。开尔文勋爵与阿尔伯特·迈克耳孙的言论（前者确定，后者一定程度上）被移出了各自的语境，并且常常被错误地引用。如果仔细诠释的话，他们事实上所说的却向那些寻求万物理论的人传递着更为深远的信息。

开尔文勋爵的持久又强烈的信念——物理学的主要功能就是更精确地测量已知的量——事实上启发了迈克耳孙的评论。开尔文勋爵曾经为麦克斯韦的电磁辐射理论以及热力学理论（奠基于力学之上的热学）所折服，开尔文自身也是后者主要的理论构建者之一。

他感到，也许可能以粒子的运动来理解能量的概念，因为广泛的奠基性原则似乎就在手边。

1900 年 4 月 27 日星期五，开尔文于伦敦的皇家协会发表了一次展现其眼光的演讲。正是在这里，迈克尔·法拉第（Michael Faraday）曾做出了巩固新物理学的电磁领域的发现。在这里，开尔文做出的并不是那个无批判的判断，即光、热和力的综合意味着物理学的终结即将来临；相反，他的演讲是这样开始的："动力学理论断言了热和光都是运动的方式，但这一理论的优美和明晰正被两朵乌云所笼罩。"[3] 这就成了著名的"两朵乌云"演讲。

相比于开尔文勋爵狂妄地宣称物理学终结的传说，他事实上使两个突出的难题成了焦点。如果说他有错的话，就错在他还期望这"两朵乌云"只是晴空万里中的一阵阴霾。然而事实上，它们却是暴风雨来临前的预告。消除它们需要的是 20 世纪物理学的两大支柱：爱因斯坦的相对论和量子力学。

所以，尽管开尔文勋爵在细节上确实是错了，但是他却充分意识到了 19 世纪后期物理学的局限性。的确，从事后来看，当他做出这些评论的时候，即将迫近的 20 世纪物理学革命已经可以一目了然。当我们做出物理学的终结一度更加有望的现代判断时，这一点应当牢记心中。

万物理论

004

3

2 什么是万物理论，什么是『万物』？

万物理论，可以大致地被描述为利用所有相关分支的现有知识——物理学、天文学、数学等等——来为有关宇宙的所有已知信息提供解释的理论。由此易见，万物理论是一个流动的目标。一种关于已知的宇宙的解释性学说可能占据支配性地位达数十年，甚至上百年。在这期间，它可能是不计其数的科学技术进步的基石。然而，也许源自这些进步的直接或间接的果实，一个新的发现产生了。它被添加进已知的"所有"信息之中，但不能为既有的理论以与自身自洽的方式所解释：一个关于新"万物"的新理论于是又成为需要。这个循环不断继续下去。

开尔文勋爵关于两朵乌云的预示性的范例，改变了我们对空间和时间、物质的微观结构的理解。考虑到核物理学和量子物理学如此丰富又涉及广泛，以及阿尔伯特·爱因斯坦（Albert Einstein）的相对论吸收了艾萨克·牛顿（Isaac Newton）关于力学和引力的伟大工作，也许有人会疑惑，19世纪的科学是如何忽视它们的。要解释为何当艾萨克·牛顿、詹姆斯·克拉克·麦克斯韦（James Clerk Maxwell）、开尔文勋爵在创建当时所知的万物理论时，这些智慧的基础支柱却在这么长的时间里始终隐藏起来，就要涉及我们的宇宙的深远性质，以及某种程度上涉及我们成功破译宇宙定律的能力。

万物理论（有时也缩写为 TOE）必须要跨越所有

的距离、时间和能量来刻画自然。虽然我们的经验在几个世纪中始终不断增长，但仍然局限在这广阔范围中的一个部分。实践中，自然并不均匀地覆盖到所有的范围，因此我们能够根据那些现象的子集建立理论，对一个领域的忽视不会阻止其他领域的进展。

我们能够在没有一个真正意义上的万物理论的情况下，推进我们的理解，这是源于下述事实：自然现象能够被分组到离散的区域当中，它们构成了我称之为"宇宙的洋葱"——极近似地说，它们的构成层级是联系在一起的，但它们的内容却相互独立。某一层级的万物理论能够成功是因为自然有效地对其他层级的显现进行了隔离。当被适当地隔离开时，它们在我们感兴趣的层级的现象描述中不起什么有效的作用。

在本书中，我将示例这种按照大小的离散尺度（discrete scales of size）对物质宇宙进行的隔离划分，以及根据我们揭示它们的动力学的研究需要来约束不同的能量、温度或空间分辨率的尺度。比如，在20世纪之前，物理学仅仅局限在高炉温度以下的现象中：核物理所处理的上百万度高温完全是在当时的物理学范围外的，更别提随着希格斯玻色子而被我们意识到的上千亿万度。

因此，我们能够建立一个万物理论，但这里"万物"指的是"在某个有限的能量范围内"。这就是历史中科学是如何成长的。尽管科学家们为了达到如今欧洲核子研究委员会建造的大型强子对撞机所要求的（能量）条件花了几个世纪，但在这一过程中，科学家们建立了一系列适用于不同范围的能量的理论。

比如，在人类范围内这样的理论已经出现了。自奥地利物理学家埃尔温·薛定谔（Erwin Schrödinger）、德国物理学家沃纳·海森堡（Werner Heisenberg）以及剑桥数学家保罗·狄拉克（Paul Dirac）90 年前的工作以来，我们已经利用数学关系为任何比原子核大的事物提供了说明。这些刻画了电子和原子的行为的方程被教给了学生。然而它们的简洁性却存在高度误导性，因为它们难以处理，也仅仅能在某几个简单的情形下求得解。有赖于最近几年强大的计算机的发展，它们可求解的范围才变大了。没有人从这些方程中推导出简单氨基酸的性质，更别说脱氧核糖核酸（DNA）的功能了，但这并没有阻碍现代生物学惊人的发展。相似的是，从艾萨克·牛顿的"大且运动的万物的理论"（theory of everything-large-that-moves）中，我们能确定地预测日食和月食，但不能预测天气。

因此，当狄拉克的万物理论被应用于原子外围的电子的行为时，原子核的复杂性就可以被隔离和忽略了。基因编码序列的万物理论则可能按照这几个符号排列：A、C、G、T，它们分别代表了腺嘌呤（adenine）、胞嘧啶（cytosine）、鸟嘌呤（guanine）以及胸腺嘧啶（thymine）——一个脱氧核糖核酸链中相连的核酸单

8

位。尽管狄拉克的关于原子物理学和化学的基础理论奠定了复杂分子的存在和结构，但如果你的主要旨趣在于处理以 A、C、G、T 编码的氨基酸链，你可能需要将这些理论隔离开来。

即使在今天，一些能量范围依然没有任何理论，而对真正的万物理论的现代追求则包括寻找涵盖所有能量范围的理论。科学的成就，既未被缺乏一个包含一切的万物理论所局限，也未被我们对一些已经建立起来的"某物理论"方程无法求解所限制。本书的一个主题就在于考虑，追求一个"真正的万物理论"是不是一个现实的目标，并且举例说明实践的科学如何在很大程度上独立于这个目标。

这本书的结构会阐明，那使得科学能够从"万物"中划分领域的自然禀赋，如何能够给理论物理学数世纪的发展播下种子。第三章和第四章将回顾迄今为止的这一历史，从 17 世纪牛顿力学以及 19 世纪它在热力学中的应用开始。电、磁和光在 19 世纪麦克斯韦的理论中得到了描述，但新的实验数据又导致了量子理论和狭义相对论的诞生。相对论、量子理论和力学的联姻引发了狄拉克的基础理论，后者为化学和 DNA 的结构奠定了基础，并且启发了当前关于粒子和力的标准模型或核心理论，这尤以最近发现的希格斯玻色子作为它的顶点。第五章描述了引力理论，以及它们在广义相对论中的繁荣。而寻找一种关于引力的可行的量子理论，就是第六章的主题。在最后的总结篇章，我会集合这些观点来评估一个终极的万物理论的可能方向。

但首先，这本书的题目本身提出了两个问题：什么是理论，以及什么是"万物"？"生命，这个宇宙以及万物"构成了一句真言。在这本书中，"生命"以及更大范围的"这个宇宙"将被隔离开："万物"指涉的是剩下的，也就是这个宇宙中无生命的*内容*。理论物理学的最终挑战在于去解释这些内容从何处来，理解支配它们行为的定律，以及解释为什么它们有它们所具有的那些性质——这些性质使得生命能够如我们所知的那样存在。

对于理论，建立它们太简单了。但是，这并不意味着任何理论都对科学有用。科学是建立在可证明的和可重复的数据之上的知识体系。如果数据与你的理论不同，科学要求你修改你的理论，这使得科学与邪教区分开来，后者重新解释事实来适应理论。实验决定了哪个理论刻画了自然，以及哪个概念不过是美好的想法。从这个角度而言，成为莎士比亚或巴赫比成为一个理论物理学家可能要容易点，因为如果《哈姆雷特》中的一些词语改动了，或者巴赫的赋格里的一个小节修正了，一个艺术作品还是会保留；但是，如果爱因斯坦的公式或是推导出希格斯玻色子的理论中一个符号改变了，将会导致整座大厦倒塌。无论如何

10

美好的理论，如果实验不同意它，那么这个理论在科学上也是冗余的。

在这里总结成为一个强有力的理论——当然也是成为一个万物理论——所必须满足的第一个要件，是再合适不过了。一个强大的理论将一系列不相干的现象整合成一个单独的概念，并且启发出这些现象之间可被实验所检验的新的联系。这一要件，即理论需要（至少原则上）顺从于实验的检验，是裁决什么能够称得上是科学的标准。这将构成对以下这些问题的最终回答：是否我们的宇宙有且仅有一个？有什么可能在它之前？另外，这些问题是否在科学领域之内？

3

牛顿的无生命之龟的理论

自然和自然的定律藏在黑暗之中。

神说，"让牛顿降生吧!"，于是皆是光明。

（亚历山大·蒲柏［Alexander Pope］为艾萨克·牛顿写的墓志铭，牛顿逝世于 1727 年 3 月 21 日）

17 世纪，艾萨克·牛顿提出了他著名的运动定律。在之后的两百年，这就是关于慢速（相对于光速）和大的（相对于原子）物体之动力学所被公认的万物理论。牛顿展示了一个物体与另一个物体之间的相互影响如何造成了它们运动的改变。他构造了现在被称作经典力学的理论，它包含了三大定律——它们乍看起来是"显然的"，且带有令人迷惑的简单性。

众所周知，这些定律中的第一条是惯性定律：一个物理的物体会保持静止或持续匀速运动，除非某个外部影响，即"力"，施加于它。力越大，加速越多。经验表明，如果你施加相同的推力在一个网球和一个相同体积的铅球之上，网球会比铅球加速更多：牛顿将这两个物体在一单位作用力下获得的相对加速度，设定为测量它们内在惯性的尺度或者说"质量"的尺度。这就是著名的牛顿第二运动定律。

事实上，第二条定律包含了第一条定律，后者是前者的一个特例：如果一个物体整体不受力，则没有加速度，于是该物体就持续匀速运动或保持静止。"整体"这个词语在这里既可以意味着完全不受力，就像牛顿第一定律中所说的，也可以指受到两个或更多但互相抵消的力，它们的合力为零。后者的一个例子就是你现在在地球上的情形。地球的引力将你向下拉，但你在垂直方向上保持静止，是因为地板对你的脚或你的座位有向上支撑的力，这种抗力与重力大小相等，但方向相反。这种事态通常被当作牛顿第三定律的案例——对于任何行动都有一个大小相同但方向相反的反作用。正是我们经验到的向下拉的重力的反作用，叫作重量。

牛顿的力学提供了刻画慢速、大的物体的运动所需的万物理论。不过，这些对其普遍性的限制，在后面的两百年内并没有受到重视。当牛顿在 1687 年发表他的理论时，光的速度已经早在 12 年前就被测量了。光速比日常经验到的速度大出非常非常多。但经过两百多年以后，爱因斯坦才指出牛顿的理论在测算近似于光速运动的物体上并不准确。关于物质的原子理论在牛顿发表理论之后过了一百多年才被提出，因此直到过了两个世纪，才出现了对刻画原子的动力学的"量子力学"的需要。如此，在整个 18 世纪以及 19 世纪的大部分时间里，就所有实践的目的而言，牛顿力学都呈现为终极理论。

你能求解吗？

有了理论只是第一步。要在实践中有用，计算它 13
的应用是必要的。牛顿定律预测了斯诺克球的运动。
在斯诺克比赛中，当主球击中一堆目标球时，至多有
15 个红色球可能由于相互撞击、反弹、摇晃而运动。
如果你有耐心去执行所有的计算的话，牛顿的定律能
够决定它们的轨迹。但对于维多利亚时期的科学家来
说，他们仅仅局限于代数计算法，计算尺已经是他们
最先进的工具了，因此这种理论的实用性非常有限。
在今天，计算机程序能够追踪粒子的轨迹，所以在过
去因过于复杂而无法解决的问题现在已经都交给计算
机编码了。这是一个新工具的发展如何提升一个万物
理论的应用范围的例子。

显然，牛顿力学的能力和局限都在于在月球和行
星的运动、潮汐的涨落以及对天气的预测上。艾萨
克·牛顿在 1687 年的《自然哲学的数学原理》中发表
了他的动力学理论。他提出了他的运动定律，并在他
的万有引力定律中使用了 "gravitas"——重量的拉丁
词。这来自他著名的洞察：掉落的苹果和行星的运动
都被引力所支配。与来自原子内部正负电荷的吸引和
排斥之间相互抵消不同，一个大的物体的每个粒子各
自所受到的引力是叠加起来的。太阳，从地球看起来 14

还没有一块拇指指甲大，却能吸引行星并使其在宇宙中数十亿公里的空间内旋转。牛顿假定两个物体之间的引力造成的相互拉力，会随着它们之间距离的平方递增而递减。而一个有质量的物体，比如太阳，向空间中所有方向均匀地伸出引力的触手。

虽然地球围绕太阳的轨道是一个椭圆形，但是它非常接近一个圆形，因此并不会影响下面的思想实验。想象太阳在一个球体的中心，这个球的半径正好是地球的轨道半径。作用在我们的星球上的引力拉力，与这个球体表面所有点的引力拉力一样。如果我们现在想象我们自己转移到另一个轨道，该轨道半径是地球轨道半径的两倍；那么相应的球体表面将会变成之前的四倍大，因为表面积将以距离（半径）的平方增长。牛顿意识到，如果连接在触手上的引力在所有方向上对称地从源头扩散出去，那么任何距离的引力强度也将均匀地沿着想象的球体的范围扩散出去。由于球体表面积按照半径距离的平方增长，作用于任何一点上的引力强度随之削弱。这一模型合理地说明了引力的平方反比定律。

上述类比强调了这些力的行为和空间的三维本质之间的紧密联系。这合理地说明了牛顿的假设，引力在两个显然不相连的物体之间瞬时发生作用。一个物体周围的空间区域被它的引力场所填充，一个物体将对在它的引力场范围内的任何物体施加力。正是地球

的引力场在空间中延伸，拉扯着跳伞运动员着陆；太
阳的引力场使得地球每年保持在它的轨道上。

　　牛顿的理论解释了为什么每个行星以椭圆形围绕
着太阳转，而太阳处于椭圆的一个焦点上。它同时也
预测了每个行星运行的速度是依据它到太阳距离的平
方根反比而有所不同。土星距离太阳是我们与太阳距
离的9倍多一点，因此它运行的速度大约是我们速度
的三分之一，完成一圈所需的时间大概是我们运行一
圈所需时间的差不多30倍。牛顿的宇宙是一个钟表的
宇宙，行星循着永恒的、常规的轨道。这种设计似乎
符合了一个神圣的造物者预期的完美；可惜的是，这
种理想并不长久。

　　从公元2世纪古埃及哲学家托勒密的时代以来，
月亮已经完成了超过20000次围绕地球的旋转。在17
世纪接近尾声的时候，曾经是牛津物理学家，后来是
皇家天文学家的埃德蒙·哈雷（Edmond Halley），考
察了中世纪和古代时期关于日食的记录。他发现当他
用月亮的位置和轨迹来倒推判定什么时候日食应该会
出现时，他所计算的时间与真实发生的时间相差甚至
会达到一个小时。于是哈雷推断，在过去，月亮在天
空从东到西运行得一定比他那时更加缓慢。

　　这是一个触及深远甚至近乎异端的断言。因为要
是月亮以此种方式改变了它的运动，就意味着它在天
空中的路线并不重复它一贯的轨道。这种轨道的改变

会最终导致整个运动体系本身的消失：月亮掉落到地球上或从（地球周围的）空间中逃离出去。对于许多哲学家来说，要建立一个宇宙可能以如此方式衰落的理论是对万能神的诋毁。因为这仿佛暗示着上帝是如此拙劣的工匠，他居然建造出一个可能坠入毁灭和混乱的星系和行星的系统。然而无论如何，即使是基础主义者最终也不得不让步承认：哈雷是对的。于是现在问题变成了：是什么造成了月球不断累积的加速？

对于这个问题有两个贡献值得一提。其中之一是由 1776 年法国数学家皮埃尔-西蒙·拉普拉斯（Pierre-Simon Laplace）所做出的，他揭露了牛顿理论的根本局限。拉普拉斯证明，假如事实与牛顿理论所说的一定距离范围内的行动是瞬时发生的相反，即引力在空间中传递需要一定时间的话，轨道最终将会降级。这个概念后来成为爱因斯坦引力理论的一个要点。拉普拉斯的计算解释了几乎一半的观察结果；另外一个贡献则负责了剩下的部分，它例证了牛顿理论中一些复杂的精妙之处。

月亮引起了海洋的潮汐。随着地球旋转，月亮将潮汐的高潮部分拉起，所以如果月亮在头顶正上方，那么一个高潮就即将到来。（月亮在头顶上方时会紧接着高潮，但不是所有的高潮都仅于月亮在头顶时发生。每天有两次高潮，其中一半是当月亮在地球较远一侧时发生。)这个高潮的凸起反过来对月亮产生一个引力,这减缓了月亮的旋转,同时也减缓了地球的旋转:白天渐渐变长,就像阴历的月份一样,尽管每个月的天数减少了。在很久的将来,可能会一个月只有一天,地球总是同一面冲着月亮,就像月亮今天这样对着我们一样。

现代技术确证了这些理论计算。原子钟以微秒的精度测量了一年的时长——午夜的时间会被周期性地调适,还有激光测距:利用阿波罗号宇航员放置在月亮上的镜子,确证了月亮逐渐远离我们的事实。牛顿的理论与基础主义者的偏见完全相反,但是它蕴含的变化无常的宇宙却被证明是与现实一致的。

牛顿的引力理论完美地描绘了地球围绕着太阳转和月亮围绕着地球转的运动。这又引出另一个问题:如果我们详细地给出这三者的状态,即地球、月亮和太阳在某一瞬间的质量、位置和速度,我们能否只凭借牛顿的运动定律来确定它们未来的轨迹?这就是著名的三体问题(three-body problem)。

1887 年,法国数学家亨利·庞加莱(Henri Poincaré)表明对于这种情形,没有一个一般的代数解。在特殊情形下,比如当这三体构成了一个等边三角形(实践中太阳—地球—月球系统不可能发生),代数解可能存在,但是等边三角形对于一个任意的三体结构只是太多可能中的一个。对此的一个解释是,三个互有引力的物体的运动并不一般性地重复以至形成一个封闭的曲线，它的形状也就不能被一些分析性的公式所描述。

用来解决这一问题的技术就是反复地这样做——制造一系列近似来引向对真实答案更精确的表征。首先，将月球和地球视作一个围绕太阳的整体。然后，你就可以在不考虑它们围绕太阳的组合运动下，单独计算月球围绕地球的运动。之后，再考虑太阳对月亮围绕地球运动的干扰影响并对上述答案稍做修正。

这里我们可以看到一个关于万物理论的限制的指导性的例子。我们可能确定了方程，但这并不必然意味着我们能够准确地解开它们。就像在太阳—地球—月球的系统中一样，对于三个有着非常不同的质量和间距的物体，牛顿的方程在实践中的一个解法能在连续的干扰中找到。但是，这种方法对于大量的物体来说是失败的。这是一个一般性的约束，它不只对受引力相互作用的物体适用。大量的原子间的电相互作用，或是大气中的湍流运动，都不能如此解决，而是需要依赖于奠基的理论来建立模型。当我们遇到热力学，并发现一些熟悉的词汇——例如温度和压强——被诠释为对运动状态和一个宏观系统的组成粒子的动力学的测量尺度时，我们会再回到这一点来。

牛顿的宇宙

引力随着距离而削弱的平方反比定律，对宇宙的 结构来说是关键的，同时对物理科学的发展可能也是关键的。太阳包含了整个太阳系总质量的 99.8%，木星占了剩下的大部分。木星的质量大约超过地球的 300 倍，不过好在它非常遥远，由于力随着距离的平方反比削弱，它并没有在地球上产生什么明显的引力拉力。这是相对于很小，但是相对很近的月球来说的：月球产生的引力拉力能够引起潮汐，而其他行星或遥远的星系中的星星都不能对海洋产生任何相比拟的效果。

无须考虑这些远距离的质量，就可以确定潮汐、日（或月）食和人造卫星的轨道。如果引力按照距离的比例变小，而不是距离的平方，那么那些巨大的外部行星——木星、土星、天王星、海王星——对地球所产生的引力将会超过月球。在这样一个人为假设的宇宙中，我们还是有可能居住在地球这样一个行星上，但是我们不太可能决定引力的规则：忽略除了两个物体之外的所有东西并只考虑第三个物体带来的微小扰动，才使得计算得以可能、基本规则得以表达。假如这个宇宙中星星的分布大致是均匀的，那么星星的数量将随着距离的平方而成比增长。总质量的大小也就随着距离的平方增长，因而会比它的引力的减弱速度更快，因为后者是直接随着距离成比减少。那么，这些遥远的星星产生的引力将远远超过了太阳和太阳系内巨大行星的引力。

在真实的宇宙中，当引力的拉力随着距离的平方反比递减，遥远的星系产生了一个恒定的引力背景。尽管相较于太阳和月亮的拉力来说，这种引力很微弱，但它还是让它自己的存在被我们感知到了。要体验到它，可以在环形路上兜个风。不过要体会到在环形路上的感受，以及明白这如何最终启发了爱因斯坦对牛顿的引力理论的改进，首先我们还需要来检视下适用的词汇和条件。

一开始，我们需要重新审视最基本的概念。运动意味着一个物体在一瞬时的位置与它在另一瞬时的位置发生变化。一个律师可能会问："什么定义了位置呢？"对此，一个合理的回答是："相对于我。"一般来说，一个粒子的位置或运动只能够在相对于某些参照物时被定义。牛顿设想了某种绝对空间和时间，即一个隐喻性的网，上面有不可见的测量杆，它定义了上下、左右、前后——空间的三个维度。根据牛顿的运动定律，相对于这个矩阵，物体要么是静止的，要么是匀速运动的（即不是加速的）。这个网构成的心灵构造物，就是所谓的惯性坐标系。

在牛顿的理论中，任何两个惯性坐标系，它们的测量杆连结之网必须与另一个以相对恒定的速度（可以是 0）沿直线且不循环地移动。两个坐标系中的时钟要么总是显示相同的时间，要么始终有着固定的时差。由于时区的约定，伦敦的大本钟与纽约中央车站的钟差了 5 小时，但时间的间隔在两个地点是相同的。如果两件事情在一个惯性坐标系内同时发生，那么它们在另一个里也是如此。当我们穿过时，这个矩阵会保持不变。牛顿的节拍器的嘀嗒嘀嗒声也不会发生改变。

不存在绝对静止的状态，只有相对运动才是清楚明白的。但是，将此对比于加速，后者则在所有惯性坐标系里都有着相同的量级。一个运动型汽车的广告写着"它能三秒内从静止加速到 60 迈"，这不需要加上"在一个不动的旁观者看来"的提醒。每个人都同意在一个时间单位里速度的变化，也就是加速度。

在这加速的运动型汽车当中的乘客会看到他们周围的事物越来越快地闪过，他们还会感受到他们自己被按在自己的座位上了，就像是有什么看不见的力似的。毫无疑问，是他们正在加速，而不是旁边的事物。而当他们急速过弯时，乘客们会感觉自己被甩向一边，这就是我们所说的离心力。在汽车加速的过程中，乘客们能够推断，至少是粗略地推断，他们所经验到的力的大小。汽车和它的乘客并不是在同一个惯性坐标系之中。

现在我们来看在一个环形路上的体验，它提供了另一个关于加速的效果的证明。想象你正在这样一个环形路上并被蒙上了眼睛，尽管与周围的世界相隔离，你还是能够判断你是相对于什么物体旋转。牛顿的测量杆矩阵并不可见，也没有什么物质的物体来向你表明它在那里，但是当你旋转，你能够感觉它从你的存在之中流过。当你的方向转变时，你所感觉的这一效果，就是我们所说的离心力。

牛顿之后两百年，奥地利物理学家和哲学家恩斯特·马赫（Ernst Mach）提出，正是遥远的星星引起了我们关于绝对相对性的感觉。这就是引力——受牛顿的平方反比定律所支配——渗透进遍布了星星的宇宙空间里的各个地方，所产生的感官结果。星星的数量随着它们离我们的距离的平方而增长，而它们各自的引力拉力又随着距离的平方反比下降。合起来的总效果则是恒常。

在一个静态的宇宙中，所有星星的引力拉力的总和是无限的。我们现在知道了宇宙是在膨胀的，但是对引力网的感觉却始终保持。爱因斯坦会基于此对牛顿的引力理论进行扩展，但是那发生在这之后的两百年。直到 20 世纪早期，牛顿的运动定律和引力理论还是发条式宇宙中机械万物的万物理论。

> 这没有持续多久：魔鬼大声呼喊，"呵，
> 让爱因斯坦诞生吧"，一切又恢复了原状。
>
> （斯夸尔［J. C. Squire］，《蒲柏致牛顿续》）

永恒运动

牛顿的运动定律包含了一个谜团：它并不区分时间上的向前和向后。根据他的力学，如果你将一个包含任何序列事件的电影倒放，比如这个序列：物体运行的路径，然后是与其他物体碰撞或相互作用，得到的序列将还是与他的运动定律一致。举个例子，想象一场斯诺克比赛已经进行到这样一个状况：只有一个黑球和一个白色主球在桌上。球手打出一记"顿杆"是有可能的，也就是白色主球击打到黑球，然后停顿，将所有的动量转移到黑球身上。将这一系列打法的电影倒放将会是，黑球撞击到不动的白球，并且当白球弹走时，黑球不动。所有这些都是牛顿所允许的，也与我们的经验相一致。

现在将这与斯诺克比赛的开始时相对比。15 个红球先以一个有序的三角形形状摆放，然后主球击打这一堆球，并扰乱它们的秩序。就像我们前面所看到的，分析它们的运动虽然复杂，但原则上是可能的，所有的一切都与牛顿的力学相一致。但是当主球击打这一堆球，红球们有无数种不同的方式离开之前密集摆放的状态，这使得每场斯诺克比赛在开球之后都是独一无二的。不过，若将此倒放，我们将会看到一个几乎肯定是超出我们的经验的结果：最多可能有 15 个红球以各种不同的方向移动，神奇地推撞，直到它们以一个整齐的三角形形状停止下来，然后把它们所有的动量传给了白球，白球冲到了球桌的另一端，并突然停在了球杆的杆头。

这一情形并非不可能：如果斯诺克球桌上的 15 个红球能够以固定的运动四散开来，每个球都被给予确定的动量，结果就会正如描绘的那样了。牛顿定律允许这发生，但这在实践中的可能性却微乎其微。如果你在一个电影中看到这样的序列，你自然的反应一定是电影是倒放的。这里的寓意在于，尽管在牛顿的基础理论中没有任何偏好的时间箭头（比如，朝前或朝后），当涉及足够大数量的粒子时，一个自然的时间感就突现了出来。15 个斯诺克球所例示的事情，在数以万亿的原子的汇集上则更加明显。鸡蛋掉在地上就破碎了，粉碎的残片不再能重新聚合成为一个完美的鸡蛋。

这例示了在基础理论当中并不明显的甚至并未出现的现象，如何从大量的原子共同行动的复杂性中突现出来。时间之箭的现象甚至在牛顿之前就为人所知了：毕竟，事物腐烂，人们变老。第一个关于这一重要的不对称性的严肃的科学理论在 19 世纪与工业革命和热力学一同出现。这一历史性的发展表明了一个成功的关于宏观系统的实践性理论如何可能被构造，尽管奠基它的基础定律还没有得到认定。后来，随着与这些更基础的词汇的联系被发觉，新的洞察就出现了。

苏格兰工程师詹姆斯·瓦特（James Watt）在1782年建造了第一个高效的蒸汽发动机。它的基本思路是燃烧煤来加热水从而产生蒸汽，然后利用蒸汽的压力来带动活塞或转动涡轮的叶片。为了有效地实现这一想法，就需要理解奠基这整个过程的物理学。因而，这就诞生了热力学科学：热的运动。

今天，我们会以水或蒸汽中分子的运动等概念来看待它，但是这些概念对19世纪的科学家来说还是陌生的。他们只认定宏观性质，比如活塞里的压强、液体和气体的体积以及有着根本的重要性的温度。解释这些性质的行为以及相互关系的规则是确定的。

举个例子，爱尔兰科学家罗伯特·波义耳（Robert Boyle）在17世纪于牛津工作，他提出，在一个固定的温度下，向气体施加压力会使得气体随着压力大小成比例地缩减体积。牛顿本人则指出，如果气体是由不可穿透的小粒子构成，它们保持静止并且以与它们的相隔距离成比例的力相互排斥的话，波义耳的发现就能够得到解释。这里，牛顿做出了一个关于波义耳的观察的假设性理论，即压强和体积的乘积保持不变。不过，这很难算得上是一种解释。因为牛顿为了说明观察到的行为，假定了力是与相隔距离成比例的，但是他没有任何证据来支持这一假设。尽管如此，只要压力没有变得太大并且温度保持不变，他的理论仍然能够有效。

　　如下两点不足之处更加凸显了牛顿理论的局限性。第一，这只是一个近似的描述。尽管气体的体积直接与施加的压力成反比地减少，但这仅仅在压力不是太大的情况下为真。引用前面说过的"第六位小数点"的真言，更加准确的数据显示，体积事实上随着压力增加稍微更慢地缩减，这一效果唯有在高压下才更易被注意到。至于为什么它会发生，当我们检查牛顿理论的核心预设时，一个简单的图景突现出来了：他假定了流体是由无维度的点状粒子构成，因而不可能重叠。事实上，非零大小的粒子被挤进其他粒子并被迫竞争空间。这导致了对进一步的挤压的阻力，因而体积减少得没那么快。

　　第二个局限性更加明显。牛顿的理论作为考虑稳定温度下的气体的波义耳定律的一个诠释还算不错，但是它不是关于气体的万物理论。比方说，施加压力并不是缩小气体体积的唯一方式，就像牛顿自己也发现的，降低温度同样有效。牛顿的理论完全没有采用任何关于温度的学说，也没有给出它到底是什么的解释。直到 1738 年，瑞士数学家丹尼尔·伯努利（Daniel Bernoulli）将运动加入了牛顿的静止图景中，"温度"才成为一种描述词语。他假定空气是由"非常微小的，且能够被驱动地从这里飞速运动到那里的微粒"[1] 构成。它们的平均能量越大，温度也就越高。他解释道，这些粒子撞击容器边界所产生的力在一个更高的温度下会更大。此外，对于液体中的粒子，这种运动会倾向于将流体的边界向外推。换言之，体积会随着温度上升而扩张。

这里我们已经有了将温度作为对构成粒子的动能的宏观测量这一现代图景的核心。只是，这一图景是在一个世纪之后，得益于詹姆斯·焦耳（James Joule）——一个曼彻斯特的物理学家和酿酒师——才被接受。焦耳希望能尽可能高效地运营自己的酿酒厂，他用来确定最高效能源的实验促使他证明了热功当量。

用简单的力学术语来说，功是一种对某东西施加了多少力以及移动多少距离的测量。功就是这样两种测量的乘积，而且当对一个物体做功时，就给了那个物体以运动的能量——动能。焦耳表明，不管是什么形式的功——比如说，不管是一个电动马达驱动的活塞的推动（当然这是很后来才有的）还是重力引起的掉落——一定量的功总是会产生相等量的热。为了表彰焦耳的贡献，他的名字被采用为能量的单位，即焦耳（首字母小写以作区分）。瓦特的名字则是功率的单位，一个瓦特是能量传输的速率，以"焦耳每秒"计算。

这里我们看到了工业革命对科学的发展和人们对能量的理解所造成的影响。热功当量作为能量的形式，是热力学第一定律的基础：能量虽然能从一种形式转化为另一种形式，但总量却总是守恒的。

尽管焦耳已经表明了热和功在能量上是等价且可互换的，它们却不是对称的。任何形式的功可以完全转化为热，至少原则上是这样，但是反过来却不是真的，因为热在转换回功时会消散。并非蒸汽机里的所有热都在驱动活塞：有一些热因为对周围的加热或者轴承中的摩擦而丢失了。总的能量是守恒的，与第一定律一致；但有一些热没有转化为有用的功，而依然保持为热。

德国物理学家鲁道夫·克劳修斯（Rudolf Clausius）首先认识到热的流失是不可逆的。他在1850年的观察，是我们对时间之箭的认知的开端："自然之本"正在于它是单向的。这使得威廉·汤姆森（William Thomson），也就是后来的开尔文勋爵，宣布了热力学第二定律：机械功不可避免地倾向于降解为热，但反过来却不是。正如我们后来看到的那样，1865年是万物理论的关键一年。这一年的第一个突破就是克劳修斯给出了热力学第二定律一个定量的描述，他引入了"熵"这一概念。

"熵"（entropy）这一单词源自希腊语，"en"意味着"in"（处于），而"trope"意味着"turning"（转化）。克劳修斯关注的是与任何过程相关的转换。他说，如果一个过程是可逆的，那么熵就保持不变；如果是不可逆的，则熵会变化。对于任何隔离于余下的宇宙的系统，熵都不可能减小。热的损耗，即做有效功中丢失的热，与熵的增加相联系。在宏观现象中感知到的时间的向前行进，也是熵增加的一种显现。

因此，熵是对宏观系统状态的一种测量，如同压强、体积和温度一样。熵这个概念可能直觉上不如后三个概念令人熟悉，但是它们同是用来描述一个系统的状态的定量测量。它们的数值变化以及它们之间的相互关系，对于描述动力学、解释像蒸汽机这样的或任何以热带动的机器的效率都很有用。对于19世纪的物理学家或工程师来说，这些概念是与热力学相关的万物理论的要素。在创立热力学科学过程当中扮演了开创性角色的开尔文勋爵，意识到这些性质都可以按牛顿的运动理论来理解——当然这也正是他宣告物理学中再无其他可以被发现的佐证。

时间之箭

我们已经看到了牛顿定律没有包含时间之箭的含义，但是当它被应用到包含了许多互相关联的粒子的系统当中时，向前和向后、允许和禁止的含义就突现出来了。熵可以说连接了意味着时间之不可逆和时间之箭的热力学第二定律，与涉及许多粒子时的牛顿定律中时间之箭的突现。熵是对有序和无序的测量。时间之箭从有序向无序的方向前进，这等于是说在任何隔离于外部世界的系统中，熵始终在增加。

一个隔离的系统能够持续发展直到它的熵到达其最大可能值。在那一点上，系统也到达了它最随机的状态。未来的变化不再可能：系统已经到达了所谓热力学平衡。另一个极端则是完全有序和最小值的熵的假设状态。这正是热力学第三定律所说的：这一状态只能够在绝对零度的条件下达到，即零下273摄氏度。

冰箱能够使里面的东西降温，并降低它们的熵，这乍看起来是与第二定律相违背的。但是，一个工作的冰箱并不是与它周围的事物相隔离的：它从供电当中获得能量。冰箱的内部可能变冷，但是它整体的效果却是将热排到它周围去。如果你有任何疑问，可以去感受下冰箱后部温暖的管道。

如果我们考虑到，温度和热都是构成粒子的动能的显现，这奠基的理论就呼之欲出了。粒子的运动显现为它们的温度，它们彼此间的排列则是熵的源头。一些熟悉的例子将能说明这一点。

斯诺克比赛有着基本构件。在游戏开始时，那15个红球只有一种模式被放置在那里。这就是一个高度有序或者低熵的状态。将之与主球击打它们之后的状况相比：可能的结果是数量巨大的，熵也是很高的。熵的增加或无序，是与热力学第二定律以及我们对过去和未来的感觉相一致的。

另一个常见的错觉是，地球上生命的突现，伴随着有序从无序当中生成，与第二定律相反。一些神造论者以此来说明，生命要不是一些神灵的介入就不可能突现，而这种介入仅仅于 6000 年前发生。但正如我现在要论证的，这实际上是一个空洞的理论。

对这个明显的悖论的解答就在于，地球不是孤立的，也不是在一个热力学平衡的环境当中。天空在一个冰冷的背景当中有一个滚热的太阳——这就是一个非平衡情形的极好例子。对每个从太阳到达这里的高能量光子，地球都典型地向空间里冰冷的环境中辐射 20 个低能量光子。这与能量的守恒定律，即热力学第一定律，相一致。第二定律也满足：这些数量的光子分享这么多总能量，其可能的方式的数量是巨大的，所以相对高度有序的初始状态——一个单独的光子——导向了一个无序的情形。与所有这些低能量光子辐射到空间相关联的熵的增长，超过了地球上生物圈运作造成的熵的局部减少。

从彻底的无序出发，地球的整个生物量能够通过这些步骤转化为一种高度有序的状态。要达成那样需要多久？根据第二定律，差不多一年就足够了。因此，神创论者针对错了目标，是非常讽刺的：物理学远不是与人的存在不一致，物理学允许整个生物量在一整年当中突现出来，当然肯定也在 6000 年当中。至于为什么它事实上花费了数十亿年，那就交给生物学家吧！

今天我们知道，至少我们所了解的是，宇宙开始

32

于138亿年前的一次大爆炸。如果宇宙确实是一个封闭的系统，它的熵就应该是增长的。这里我们有一个新的难题，它如何解决还在争论当中：初始的低熵状态是如何出现的？热力学第二定律不仅是理解我们的宇宙之行为的关键，而且是理解它的存在的关键。

19世纪后期，这一难题尚不为人知。牛顿力学作为与运动相关的万物理论，看起来是一致的，因而也是关于热的动力学理论（kinetic theory）的源头。尽管我们不能解开在固体或液体中数万亿原子的案例中的方程，但我们确实对宏观现象，例如温度和熵如何突现，有一个定性的理解。这使得我们能够构建关于宏观的热力学的实践有效的理论。牛顿力学也得以解释了时间之箭如何突现。难怪开尔文勋爵表达他如此满意。

温度、热、功和能量之间的联系，是我们能够历史性地构建物质理论（例如牛顿的动力学），而忽略——也确实是无知于——原子的维度的源头。流体中粒子的动能在室温下一般是1/40个电子伏特，[2] 一个电子伏特（1eV）是仅仅 1.6×10^{-19} 焦耳能量的简写。焦耳是一个合适的宏观物理学的单位，但如果用它来刻画一个个体的原子或分子的能量，就像用多少分之一英里来刻画一根人类头发的宽度一样无意义。它并不是错的，它只是没效率。在工业革命的白热当中，原子达到了1eV的能量。我们后来会看到，要解决原

33

子的内部结构所需要的能量是数十亿个电子伏特，远超于 20 世纪之前所能获得的。这也是为什么牛顿定律和热力学在 19 世纪被证明是实际的和有用的理论，而不需要原子物理学理论。热力学第二定律脱胎于克劳修斯 1865 年的洞见。同年，詹姆斯·克拉克·麦克斯韦创造了他的万物理论来处理电、磁和光。就像我们会看到的，这一理论将揭露牛顿力学的局限，并启发爱因斯坦来创建当代理论的基础。

要有光！

到了 19 世纪中期，已经有大量的现象合并到力学的王国之中。牛顿定义了它的基本定律，这些定律刻画了天体的动力学和地球上的机械运作。焦耳确定了功和热之间的转换比率，这又引出了热力学和热的动力学理论。不过，这还没有组成"万物"，因为除此之外，还有一整个现象显然分离的大陆，它们集中在电学、磁学以及光学——光的本质的标题之下。

电和磁的现象为人们所熟知已经有数世纪了。在 34
19 世纪，流行的观念是，电场和磁场调节带电粒子或磁体之间的力，这可以类比于引力场和牛顿力学。不过，不同于引力总是相吸引的（不存在"反引力"），带电性有两种变化，表示为正电和负电。"同性相斥，异性相吸"的规则就是对它们行为的描述。电和磁场的性质被编码为四个基本的定律，它们提供了构造1865年那时所知的万物理论的基础。

卡尔·弗里德里希·高斯（Carl Friedrich Gauss）是位德国数学家，在19世纪的早些年，他对科学的许多领域都做出了贡献。他的工作带来了以他命名的高斯定律，其描述的是电场和电力。本质上，它所说的是，穿过空间内一定体积的电通量是与该体积内的电荷总数成比例的。高斯定律的一个推论就是两个电荷之间的力像引力一样：与它们距离的平方成反比。

第二个定律是关于磁的高斯定律。它声明了磁场并无净通量通过任何体积：任何流出的都被流进的所平衡。这一定律的结果就是磁力没有任何孤立的来源。例如，条形磁铁有两极，一个北极配一个南极。

地球本身就是一个巨大的磁体，有北和南两个磁极，它的周围被一个磁场环绕。这个磁场的来源是地核深处的电荷构成的一个旋转电流。这里我们可以看出在电和磁之间的深远联系。以法国物理学家安德烈-玛丽·安培（André-Marie Ampère）命名的安培定律总结了电产生磁场的规律。作为电磁定律四重奏的第三奏，安培定律说的是：如果一个电流通过了一个表面，比方说这一页书，一个磁场就会在那个表面内环绕着电流，并且有着与电流的大小成比例的磁场强度。

四重奏的最后一奏是法拉第定律。迈克尔·法拉第在伦敦的皇家协会做出来非常多的发现，要是19世纪就有诺贝尔奖的话，他一定能获得好几座。他证明的一件事是，磁是有可能产生电场的。这是对安培的补充，安培所集中关注的是电流产生磁场。但法拉第观察到，仅仅是磁体稳定的运动还不足以产生电流：磁体首先要被加速，不管是被突然地移动或是旋转。这就是我们所知的感应现象，也正是磁场产生电背后的原理。

电和磁场能够减弱和增强的能力被应用在电动机中，这为工业革命提供了助力。就像以前一样，奠基的理论依赖于一系列规则，其中上文所说的四重奏为最有力部分，但它们始终是一个大杂烩。关于电磁的万物理论是由苏格兰的物理学家詹姆斯·克拉克·麦克斯韦在1865年创造的。他将电和磁统一为关于电磁学的描述，在此过程中，他表明光是电场和磁场的一种起伏的波。另外，他的关于电场和磁场的关系的洞见，启发了爱因斯坦去揭露牛顿力学理论的局限。

安培在19世纪初关于电流产生磁场的证明，促进了相对论的种子的萌芽。电流由运动的电荷组成，这就引出了这一问题："运动是相对于什么的？"我们在前一章看到过由于位置引起的一个相似的问题，相似地，一个合理的答案就是："相对于你，在你的（静止的）惯性坐标系内。"但是，假设现在你沿着带电流的电线移动，并且以电线内部电流移动的速度移动，你会感知到电荷是静止的。高斯定律告诉我们，在一个惯性坐标系中，一个静止的电荷会产生一个电场，所以你会感知到那里有一个电场，尽管之前你感知到的是磁力。

这隐含的意义是，当你改变你的速度，电场会突现而磁场会消失，反之亦然。这说明电和磁现象是深层次地纠缠在一起的；你所诠释为电还是磁，完全取决于你自己的运动。尽管不同的观察者可能将同一个场认定为电场或磁场，但实验的结果并不会如此。电和磁的描述就像两种语言：假如正确地应用了翻译的规则的话，文本可能有所不同，但信息是一样的。麦克斯韦的成就就是建造了一个理论，它自动地包含了这一翻译。由此，他将电场和磁场统一为我们所说的电磁场。这所带来的深远结果之一就是，牛顿力学将至多只能是关于自然世界的更丰富描述的一个近似。

麦克斯韦的天才在于他的洞察：电场和磁场的定律应该有一个数学的相似性。法拉第定律解释了为何当磁场振荡时——更技术性地说，当一个磁场随着时间改变时——会产生电场。将此与安培定律的磁场从电效应中产生相对比，那里并没有提到对时间的依赖性：稳定的电流就足够了。麦克斯韦意识到，这样的描述还不完全。当一个电流被电容器阻断时（电容器是个电组件，它的正负电建立在两个分离的片上，这两个片又与一个供电的电源相连），一个电场就在两个片中间建立起来了。麦克斯韦延伸了安培定律来包括这一依赖于时间的电场。他现在能够将这四个定律编译成数学方程的四重奏了，它们是深刻地联系在一起的（见图1）。

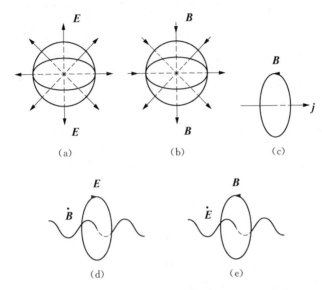

图1 麦克斯韦方程组的图示总结。麦克斯韦方程组的四个基本元素在这里通过图表的方式得以例示：（a）高斯电定律，（b）高斯磁定律，（c）安培定律，（d）法拉第定律，（e）麦克斯韦对安培定律的延伸。E 和 B 分别指示电场和磁场。$\dot{E}$ 和 $\dot{B}$（上面加了一点）指示的是随着时间改变的电场和磁场。j 指示的是电流。

以这种对安培定律进行延伸的形式，麦克斯韦的方程总结道，不管是一个电场还是磁场中的变化都会使另一种产生：电促生磁，反之亦然。一个电场就是称之为矢量场的东西，即不仅有一个数值，还有一个方向——比如，电荷是被吸引的或被排斥的？麦克斯韦的方程之一指出，如果这个电场发生振荡，使得"上行"和"下行"的方向每秒钟互换了一定次数，那么磁场也会相应地以同样的频率振荡。

麦克斯韦的另一个方程对称地预测了这个振荡的磁场产生一个同频率振荡的电场。将这个电振荡放回原来的方程，你会发现这种转化会一直继续下去：电与磁，来来回回。麦克斯韦方程预测了，整个电和磁场的混合会以波的形式传递到整个空间。

法拉第为电和磁现象的测量提供了关键性的数据，它从效果上表明了真空当中对电和磁场的涨落有多少阻力。当这些数据被代入麦克斯韦的方程当中，它们预测了电磁波的速度要达到几乎300000千米每秒，且此速度与频率无关。这一显著的高速也刚好是光的速度。麦克斯韦现在做出了他令人鼓舞的和影响重大的飞跃：光就是一种电磁波！

我们用我们的眼睛所看到的彩虹的颜色由电磁波构成，组成电磁波的电和磁场在每秒钟振动了数百万次。连续的波峰之间的距离只占一个很窄的波段，微微小于百万分之一米。麦克斯韦的洞察暗示了，除了彩虹之外，一定还有其他的电磁波，以与光一样的速度运行，但以不同的频率振动。我们这里就看到一个可行的科学理论如何具有预测力——这使理论得以提升，而不仅仅是一个美好的构想。当一个理论既能够解释事实，又能做出新的和可检测的预测时，这个理论才是强有力的。

红外（infrared）和紫外（ultraviolet）射线已经为人们所熟知了，"（红）外"（infra）和"（紫）外"（ultra）指的是那些相对于可见光的频率。麦克斯韦因而统一了一系列之前看来是分离的现象。这些线索启发了科学家去检查其他案例。德国物理学家海因里希·赫兹（Heinrich Hertz）制造出了电火花，并表明它们能将电磁波传递到空间而无需导体材料（这就是"无线"这个名称的源头）。这些原始的无线电波是类似于光的电磁波，但是位于电磁光谱的其他位置。它们像可见光射线一样以 300000 千米每秒的不变速度在真空中传播。

麦克斯韦的理论蕴含了带电物体和磁体会通过电磁场的中介而相互作用，它们以光速从一个物体传播到另一个，因而一个电磁力并不是瞬时地发生作用的。轻轻摇动在一个地方的电荷，只有当产生的电磁波到达一个遥远的电荷，后者才会开始一起振动。这完全不同于牛顿的力学图景，在他那里，这些动作是瞬时发生的。

空间、时间与时空

在牛顿的图景中，光理论上以一个无限快的速度传播。现实中，就像麦克斯韦方程预测的——且就像实验所证明的——光速是极其快，却是有限的。这是第一个暗示的线索：牛顿的理论可能仅仅是对一个更丰富的理论的一个近似，并且实践上也只对那些物体的速度相对于光速微不足道的情况是有效的。由于直到19世纪，科学所碰到的所有情形都满足这一条件，因此牛顿力学在实践上都是极好的。任何的偏离都发生在小数点后第六位，或者当涉及极其高的速度时才不可避免地被揭露出来。

导向更丰富的力学理论的线索包含在麦克斯韦的电磁学和光的方程中。阿尔伯特·爱因斯坦会在麦克斯韦的基础之上建立他的狭义相对论，并把牛顿的力学纳入其中。这里，"狭义"意味着理论被限制在一个我们能够忽视引力的宇宙当中。他后来延伸相对论来涵盖引力，也就是我们所知的广义相对论。这些理论都是一个最终的当代的万物理论的本质性基础。

爱因斯坦的基础公理是，物理学定律不依赖于一个观察者的匀速运动。麦克斯韦的电磁理论隐晦地支持这一点：一个观察者视为电场的东西，另一个观察者可能对它感知为磁场。但当这些都已经按照麦克斯韦的方式统一为电磁学时，两个观察者都会对实验的结果表示赞同。

爱因斯坦的狭义相对论的灵感来自他开始思考观察者如何在不同的惯性坐标系中能够体验到电磁现象。事实上，他的著名论文就以"论移动的物体的电动力学"为题。这已经是他的沉思的成熟成果，他的沉思开始于 16 岁,他那时思考如果骑在一个光束上会是什么样。这使他导向一个悖论,而它的解决则会暴露出牛顿力学的局限性。

如果你以光速向一个镜子移动,并用牛顿的运动理论来预测结果,你会期待在镜子里看到什么?不会是你自己的形象。根据牛顿力学,光是以与你一样的速度向镜子移动,因而只有当你撞上去时,光才会到达镜子。故此镜子不能感知你的存在,且不能反映你的形象。

这在心理上是很古怪的,事实上也不会有这样的事情发生,因为这与麦克斯韦的理论所允许的存在物理上的不一致。在牛顿力学中,如果你以光速沿着一个电和磁场的振动波移动,你会感知到一个从空间中一边到另一边振荡,而不是向前移动的电磁场。但在麦克斯韦的方程中没有这样的东西:振荡的电磁场以300000 千米每秒的均衡速度移动。因而如果麦克斯韦关于电磁现象的理论是正确的,你以光速运行就一定是不可能的。

这与牛顿关于运动的描述是相矛盾的。按照牛顿的理论,原则上没有一种叫作不变速度的极限的东西。如果我看到你在一辆车中以 20 米每秒的速度从西边向我开来,而另一辆车以 10 米每秒的速度从东边向我开来,我们能够确定,你会感知到这后一辆车以 30 米每秒的速度向你冲来。如果这些速度是 200000 千米每秒以及 100000 千米每秒，同样的逻辑意味着你会感知到相对速度是 300000 千米每秒。这等同于光的速度，但如果以光速运行是不可能的，不管相对于什么，那么这一牛顿力学的固有的关于速度的叠加的"明显"原则就一定是错的。

因为牛顿的定律在我们每天的经验当中应用得非常好，爱因斯坦推断出，它们只能是一个更完全的理论的近似。当我们遇到巨大量级的速度时，牛顿的动力学是不充分的。牛顿力学的条款和条件是什么呢？

按照牛顿的说法，我用来测量空间和时间的米尺和计时器，对你来说也是一样的，不管你对我来说是静止的还是处于匀速运动中的。速度是运动的距离与时间流逝的比率，相对速度增加或减少取决于你是朝着有速度的物体前进还是远离它。这已经是得出两辆车以 30 米每秒的速度靠近彼此的结论的所有必要知识了。不过，这个"常识"在光束或者堪比光速的速度上时，就错了。爱因斯坦意识到，关于我们的时间和空间的概念，有些东西一定是错了。要解开这个谜，他开始思考在光从它的源头到达接收处需要时间的宇宙中的交流问题。他问，在何种意义上我们能够确定两件事情是同时发生的呢？答案是：我们不能！

44　　要理解为什么，想象你在一个静止的火车中部车厢。你向车头的司机发送了一个光的信号，也向尾部的守卫员发送了一个。他们会在相同的瞬间收到这个信号。现在，假设火车不是静止的，火车是匀速地运动着。我站在车轨旁，当你经过我时你像之前一样发送光信号给司机和守卫员。你会感知到它们同时抵达——但我不会。理由是光不是瞬时到达的。在光束从中间传播到了火车的尾部这很短的时间内，火车的头部开得离我更远而尾部离我更近了。从我的视角来看，守卫员接收到信号比司机要早了几纳秒（一秒的十亿分之一），可你还是会坚持它们是同时达到。通过这个"思想实验"，爱因斯坦意识到，由某个在运动的火车上的人记录的同时性，并不是在铁轨旁边的人的同时性。总的来说，我们关于时间间隔、时间流逝的定义，依赖于我们相对的运动。

如果光像牛顿设想的一样以无限快的速度传播，那么"同时性"就没有任何问题。在我们每天的经验当中，光速从效果上被认为是无限的，而时间的微妙性质也是未被感知的。爱因斯坦已经意识到这一奇怪的事实：真空中光速是恒定的，与传播者或是接收者的运动无关，却与时间概念相联系，而时间概念对于那些相对运动的人来说是不同的。他计算出逻辑上的结论，并且发现，不仅是时间的间隔，距离也是如此。在一个惯性坐标系内测量，与其他惯性坐标系内测量，结果不一样，这种不一样取决于这两个惯性坐标系的相对速度。

空间的间隔缩小了，而时间被一定量地拉伸了。

45

当你接近光速时，你对空间和时间的认知相对于静止的人是非常不同的：距离被压缩到微观的尺度，而时间的节拍器慢到几乎停止。空间和时间混合成一个包含一切的矩阵，即时空。以我们习惯的日常经验的速度，空间和时间看起来是独立的，并且在时空中的变化是如此微不足道，以至于超出我们的认知范围。牛顿力学因而对那些速度足够低，以至根据"常识"就可以结合的条件而言，是一个有效的运动理论。相对论式的偏离发生在小数点后第六位，至少对于到 19 世纪为止的科学家来说是这样。但是，对于高速运动的原子内的粒子，比如在欧洲核子研究委员会的大型强子对撞机中产生的那些而言，相对论的影响则是至关重要的。终极的万物理论，必须包括爱因斯坦的相对论。

4

小物体的量子理论

一个热的物体中的原子是振动的。它们是发射出电磁辐射的电子振荡器，其平均频率是与物体的温度成比例的。因而你和我相对于一个红外的相机是可见的，它对我们的体热是敏感的，但我们并未以更高的频率发出辐射，所以我们在黑暗中不发光。更热的物体确实会发出光——首先是红色，然后是黄色，如果温度足够高，它们就变成真的白热——因为它们在整个光谱中都发出辐射。

那是实践当中所发生的，但不是麦克斯韦的理论所预测的。根据麦克斯韦的电磁理论和光理论，对于频率强度远超紫色的射线，比如 X 射线和伽马射线，应该无限制地增长，无论温度是多少。单单麦克斯韦理论的这一失败就是一个重大的缺陷，而非某个隐秘地埋藏在小数点后第六位的小事。这被称为"紫外灾难"，也是给开尔文勋爵 1900 年演讲中的理想天空带来阴影的其中一朵乌云。

同一年，德国理论物理学家马克斯·普朗克（Max Planck）找到了一个解决方案。他假定了在热体中振动的原子以一份一份不连续爆发的方式发出电磁辐射——这很快就成了众所周知的量子——它像一个极快的滴水的水龙头，而不像麦克斯韦想象的那样是一个持续的水流。天才、坚持、试错的结合使得普朗克发现了一个公式，它刻画了辐射的强度如何既依赖于它的频率也依赖于温度。它的成功是基于一个关键性的，同时也是特设性的假设：一份或一个量子的能量，是与它的电磁场振动的频率成比例的。这一比例的常数现在就叫作普朗克常数，并以符号 h 表示。

相对论以及现在的量子理论暂时清理了开尔文勋爵提到的乌云，尽管新的问题已经出现。比如，量子看起来只是专为解决紫外灾难而设计的一招鲜，再也没有其他的用处。但是到了 1905 年，当爱因斯坦用这个概念来表明它如何解释其他现象时，比如光从金属中驱逐电子的能力——光电效应[1] 时，这一点才发生了改变。

这是爱因斯坦第二次认为数学概括了物理宇宙的深刻真理。例如，狭义相对论的数学是建立在洛伦兹-菲茨杰拉德收缩（Lorentz-Fitzgerald contractions）的方程之上的。这些方程早在爱因斯坦看到它们是时空之结构的命题，而非只是数学工具的 15 年前就为人所知了。在普朗克的数学公式里，爱因斯坦又看到了一个更深的真理。普朗克曾假定，光以量子的形式发射，它被称为光子。爱因斯坦现在更进一步——光就是光子。他假定光子是真的，这意味着电磁辐射不只是像普朗克假设的一样以不连续的爆发式发射，而且也是如此地传播。对爱因斯坦来说，辐射的光子是光本身的一个基础性质。光由一串离散的粒子，即光子构成。

量子的理念很快就延伸到光之外了。如果电磁波像粒子一样行动，那么物质粒子，比如电子也可能像波一样行动。这立即就证明了：19世纪后期对于物理学是"完备的"的信心被对原子大量的出乎意料的发现所毁灭了。尤其是，原子被发现是有内在结构的，它由一个致密的、带质量的、处于中心位置的、带正电的原子核与环绕其周围的、轻重量的、带负电的电子所构成。根据麦克斯韦的理论，这样的原子结构是不可能的。如果将麦克斯韦方程应用于原子中的电子，那么电吸引力会导致电子在不到一秒的时间内就会螺旋式地进入原子核内。我们所知的物质要存在也就完全不可能了。

原子理论的第一步由"伟大的丹麦人"——尼尔斯·玻尔（Niels Bohr）在1913年迈出。在曼彻斯特工作期间，玻尔利用了普朗克"量子"的概念，并假设电子在一个氢原子中的角动量[2]是$h/2\pi$的整数倍。这就等于说它的角动量，当乘以它的轨道的周长时，就是h的整数倍。

随着上述整数倍的增加，电子的能量也增加。能量状态是像梯子上面上升的横档一样逐级式增加的。当电子从一个高能量的横档向一个更低的横档掉落的时候，一个原子便能以一个或更多的光子的形式发射电磁能量。这与观察到的原子发射的离散光谱是一致的：在一个光谱中光的不同颜色，对应了量子理论中离散能量的光子。

当整数倍数是1的时候就是最低能级（energy

level）了。这对应的电子轨道的半径大约为 1/20 纳米，也就是一个氢原子的大小，氢原子只包含一个单独环绕的电子。处于这一能级的电子不能再丢失能量：没有更低横档可以让它掉落。因而这种状态中的原子原则上能够永远保存。

和普朗克的公式一样，玻尔的模型也是一个特设的对一个单独问题的数学解决。以这两个理论为起点，当代量子理论在 1923 年开始变得更加清晰，那时身为法国贵族和物理学家的路易斯·德布罗意（Louis de Broglie）建立了物质波理论。普朗克曾假设电磁振荡的频率是与其特定量子的能量成比例的，德布罗意则假设一个"电子波"的波长是与相关联的物质粒子的动量成反比的。这为玻尔的原子模型提供了物理基础。

我们能将电子视作波，就像一根长绳的颤动一样。如果长绳像套索那样环成了一个圈，那么只有当一个环道的波长数是一个整数时，波才能够完美地适应长绳的圆周。在原子中环绕的电子就遵循这种路径，这样它们的波完全适应于套索。因而，玻尔的数学条件与大量适应电子的轨道周长的波相对应。

量子理论于 1900 年 12 月在马克斯·普朗克那里诞生，[3] 而 1905 年在爱因斯坦那里和 1913 年在玻尔那里获得物理现实性。量子**力学**——关于小物体的动力学的更一般的理论，其运动方程超出了牛顿的运动方程——直到更后面才得以出现。路易斯·德布罗意的假说，即电子像波一样行动，激发了埃尔温·薛定谔在1925年为这样的波建立了运动方程。针对电子的行为，他引入了他所称的波函数并用ψ来表示。在某个位置能找到电子的概率是与ψ的数值的平方成比例的。ψ的数值在空间和时间中振荡；薛定谔构造了一个微分方程，它能指定它的变化。薛定谔的方程至少在简单的情形中，比如在氢原子这种一个电子围绕一个质子的情形中是可解的，并很好地刻画了原子物理学的广泛特征。

正像牛顿的运动定律是宏观或"经典"力学的理论核心，薛定谔的方程也是量子力学的核心。它们的共同之处在于它们都是微分方程，它们的构造是为了回答这样的问题："如果我指定了在一个给定时刻的一个粒子的状态，在其他时刻中其状态会是什么样的？"牛顿的经典力学完全决定了运动，薛定谔的量子力学则仅仅给出了这个或那个结果的概率。因此，经典力学和量子力学没有什么明显的对应。

和牛顿的动力学一样，薛定谔的量子力学仅仅适用于位置变化的速率——速度——远比光速慢的情形。1928年，保罗·狄拉克（Paul Dirac）发现了可以描绘电子并且符合爱因斯坦狭义相对论的要求的量子方程。狄拉克的方程平等对待空间和时间，就像相对论所要求的一样。同时，当被应用于相对于光速运动非常缓

52

慢的电子时，狄拉克方程的解与薛定谔方程的解相一致。

狄拉克方程的标志性特征是它包含了四个相互关联的部分，其中任何一个对整个大厦的融贯性都是至关重要的。人们早就预估到一个单一的方程是不够的，因为电子在经验中是像一个两极的磁铁一样运作的。因此当电子处在一个外部的磁场中时，这将导向两个可能的量子状态：电子的磁矩能够按与磁场一样的方向排列，也可以按照相反方向排列。这两种可能性要求两个方程，狄拉克的构造正确地描述了电子相对于它的电荷的磁性强度。

目前为止，一切都好。但是问题来了：构成相连部分的四重奏的另外一对方程的意义何在呢？狄拉克最终解释了它们。为了与相对论一致，一个电子无法单独存在。事实上，自然要求电子的一个兄弟姐妹存在：一个有着相同质量和磁力大小，但有着相反电荷的粒子，即带正电而不是负电的粒子——已知的一个例子是反物质。这种阳电子，或者说正电子，于1932年在宇宙射线中被发现。

狄拉克方程的四个组成部分因而刻画了双磁极电子和它的双胞胎兄弟姐妹——双磁极正电子。这里我们看到了数学预测自然的神秘本领，它能在实验揭露一些现象之前就"预知"了实在。狄拉克确信，他的方程是追寻结合量子理念和相对论的力学理论所需的最后一块瓦。他说：

> 大部分物理学以及全部化学的数学理论所必
> 需的奠基性物理定律已经全部为人们所知了。困
> 难仅仅在于，这些定律的具体应用所导向的方程
> 过于复杂而无法解开。[4]

狄拉克可能在这里听起来像开尔文勋爵一样自满
了，但是要注意，他的判断当中仔细地划出了界限。
他声称的是"大部分"的物理学，而不是全部。很快
人们就熟知，原子核存在一个复杂的内部结构的事实
了，但狄拉克关于它什么也没有说。就化学以及大部
分物理学所考虑的范围内，实践中原子核的结构是无
关的。量子力学本身也解释了为什么是这样。

原子核的广延至多只有几飞米（femtometres，以
fm 表示，相当于 10^{-15} 米）。普朗克常数 h 和光速 c 提
供了量子宇宙的范围和狭义相对论的测量方式。[5] 因此
量子的不确定性意味着，为了消解像原子核这样的结
构（它在至多只有几飞米的尺度上存在），所需要的能
量达到几亿伏特。换言之，在室温下，或者甚至是在
本生灯或一个爆炸的火炉的温度下，所实施的实验至
多只能达到仅仅几电子伏特的能量，它们是如此微弱，
以至于需要放大几百万倍才能对原子核的结构产生影
响（见图 2）。

55

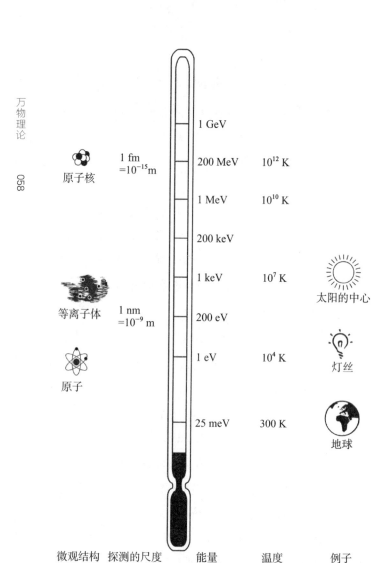

| 微观结构 | 探测的尺度 | 能量 | 温度 | 例子 |

图 2　在百万度以下的温度中，核物理学是被隔离的。

当新西兰人欧内斯特·卢瑟福（Ernest Rutherford），在 1910 年左右于曼彻斯特进行的一系列实验中发现了原子核的时候，他以阿尔法粒子束作为探测器。作为氦原子的原子核，单个的阿尔法粒子是带有仅仅几 MeV 能量的核放射的产物。它足以揭示出原子的中心位置有一个带正电的块状的存在，但也仅此而已。想要识别原子核的内部结构所需要的能量超过了当时所能达到的能量程度。

因此，涉及相对较低能量的现象的理论不需要核物理学。比如，对于处理的是原子和分子之间互动的化学而言，核物理学就是被隔离的。原子间的力是电子效应的结果，比如带电荷的离子的形成使得相互的电吸引能够发生。这一电活动完全处于狄拉克方程掌控的领域。化学成为一个独立的科学学科而不是作为"应用的狄拉克"为人所知，恰好印证了他的最后的箴言："过于复杂而无法解开。"

量子电动力学

麦克斯韦在带电荷的电子和在场中传输电磁力的光子被发现以前，就已经创立了他的电磁学。量子力学刻画了电子和光子如何行动，但是它没有解释光子是如何被电子创造或吸收的。因此，麦克斯韦和量子力学都没能描述这一最普遍的现象：光子的产生和毁

56

灭。将一个电灯开关打开，大量的光子就会铺散开来，也许就为你阅读本书提供了光明。当你的视网膜里的电子吸收它们时，这些光子又会消失。

狄拉克创造了一种新型的理论——量子场论——从而将光子引入图景之中。他的想法是，整个宇宙被一个电磁场所充满。如果在某时某地运用了能量，这个场的激活就会导致光子的出现。反过来，光子的消失也对应着电磁场的去激（de-excitation）。利用这个概念，电磁场就能够以能量的不连续态存在，狄拉克曾以一种与相对论的限制相一致的方式将麦克斯韦的经典想法与量子理论结合起来。这样得出的关于电荷和光的相对论式量子理论叫作量子电动力学。

量子电动力学，或者更亲切地为人所知的名字QED，已经成为当代关于强核力以及导致放射性贝塔衰变的弱力（更多的是后来的）的量子场论的一种范式。它已经被证明是关于电磁场的以及电子如何与电磁力互动的万物理论了。量子电动力学表明，狄拉克的方程虽然有其优美性和显而易见的成功，但仅是关于带电的万物理论的第一近似。他的方程看起来成功地描述了一个氢原子的放射光谱，它还解释了一个电子的磁性大小——所谓的磁矩。尽管这些相对于之前的理论而言是显著的进展，但准确度更高的数据显示了与狄拉克等式所推断的相比在小数点后第三位存在偏差。量子电动力学解释了这些不符。

狄拉克的方程刻画了电子与一个磁场互动，或者与从一个氢原子内放射的光谱中的光子的互动，就好像这些发生在一个除此之外空的空间里一样。然而，在量子电动力学中，电子也是一个电磁场的来源，它孕育着这种可能性。在量子理论中，能量平衡可能在短暂的瞬间内被打破，这使得电磁场产生大量电子和正电子对，它们在极其短的时间段内突然出现和消失。这些反过来又可以发射和吸收虚（virtual）光子，产生能量能够被这些不同的粒子所分享的无限种的可能方式。电磁场因而是一个振动的中介，这一点被量子电动力学准确地刻画但被狄拉克的方程所忽略。他的方程一开始能够如此成功，只是感谢自然的恩赐。

这些量子波动中的一个，影响一个测量的概率刚好是很小的，比如说影响电子的磁矩。对于两个或更多的波动来影响一个测量，概率就更小了。狄拉克的方程忽视了非常小的量，但是这对于精确度非常高的测量来说却是非常关键的。量子电动力学重视了这些影响，并将其呈现为一个公式里的一系列数值一致递减的项。这个影响序列是无限的。不过，一个无限的序列的加和可以是一个有限的值，比如：

$$1 + 1/2 + 1/4 + 1/8 + \cdots$$

它加起来是 2。对于量子电动力学，一个更典型的序列更可能是：

$$1＋1/100＋1/10000＋\cdots$$

这个序列之和就小多了。你计算的准确性受限于你对一个序列当中较小数值的准确计算的投入。这种技术就是所知的"微扰"：你计算一个答案（比如，通过狄拉克等式的方式），然后计算微扰原始答案的小修正。正是通过这种微扰计算的技术，电子的磁矩才能在量子电动力学当中以超过小数点后第九位的准确度被计算。

对于简单的现象，比如一个简单的电子与光的光子相互作用，狄拉克的量子电动力学就是一个万物理论，因为它使那些同样能通过实验得到测量的数量的计算得以可能；而在一些情况中，一致率能够达到10^{12}分之一。这就像以一根人类毛发的准确度来测量大西洋的宽度。当一个氢原子里的电子从量子梯子的一个横档上跳到另一个时，光谱突现出来，正如量子电动力学认为它应该的那样。这对其他原子元素的离子也同样成立，比如氦，它的原子核（一个阿尔法粒子）有两个单位的正电荷：当氦原子中的两个电子其中的一个被移除，我们就得到了一个离子。剩下的那个单独的电子的行为是与量子电动力学一致的。一旦我们的讨论超出两个电子，涉及一些更重的元素或者计算一些原子结合成为更加简单的分子时，复杂性问题就出现了。实践中，这些方程就难以解开了。

59

那些在理论和数据之间出现的美好的一致性，只有在花费了相当时间来尝试理解无限序列中的数学重要性之后才得以获得。最初的计算加和序列当中的所有项目单独的可能贡献的尝试，导致了答案是无限的。这是荒谬的，因为"无限的可能"是毫无意义的。最终，为了解决这一问题，一个叫作重整化（renormalisation）的技术在 1947 年被发现。概括来说，在序列当中单独的一系列项目的加和被发现为无限。但是并不会让问题变得双倍复杂的原因是，一个加和为无限的集合事实上能够被其他的加和为无限的集合所抵消。其余剩下的项目将给出一个有限的结果，而这个结果就能够由实验所确定了。

如果那就是完整的故事了，那么量子电动力学不会有任何预测力。研究发现，要去除结果为无限的加和，两个经验的输入就足够了——它们可以是，比如说，电荷的值和电子的质量——还有很多其他的量子电动力学能够计算的数值。因而，比如说，计算电子的磁矩的第一次尝试给出了一个无限的答案，但一旦与电荷和质量相关的无限的项目集合被移除，并且施加一个光子没有质量的限制，结果就会奇迹般地是有限的，与测量结果相一致。

如果一个量子场论为了获得有限的结果，仅仅需要有限数量的实验决定的常数，那它就被称作可重整化的。量子电动力学是可重整化的。很少数的理论具有这种特征，但很多理论家将它视为构建万物理论的本质性因素。对于一个简单的系统——电子和光子——量子电动力学就的确是万物理论，而且它行得通！就像我们已经用一般词语提到的，它的局限首先出现于解复杂情形的方程时，其次出现在处理超出原子层面的新发现时，比如原子核。最为重要的是，量子电动力学在没有原子核的粒子的计算中都是适用的，比如，在寻找电子的磁矩中或是在决定它与光的相互作用中。如果问题中的电子是在一个原子里，那么原子核根据定义就是存在的。但是，只要核物理学保持隔离状态，将原子核仅仅视为一个巨大的带电荷的块状物，它就不影响量子电动力学。

不过，一个真正的万物理论必须带着我们超越这一限制。狄拉克的理论解释了电子发射的光子的光谱，但是如果那个原子的温度足够高或者它是被以足够高的分辨率所探测的，比如通过将高能量电子发射上去，那原子核就会显示它具有一个复杂的结构。它包含了质子和中子，它们能够相对地移动并以伽马射线的形式释放能量——这些光子要比从外围的电子中放射的那些光子要多出至多一百万倍能量。

今天，物理学家将狄拉克对量子电动力学的创建视为原子结构内的万物理论，但不是原子核内的万物理论。它的经验性成功已经刺激了延伸应用领域的万物理论的创建。创建出来的理论——量子色动力学

（QCD）和量子味动力学（QFD）——吸收了核物理学以及粒子与原子元素之间转化的特征，它们是通往最终的万物理论的途径，它们构成了现在关于粒子和力的标准模型或核心理论。只要我们将量子引力隔离开，这就是一个万物理论。

物质的核心

按照量子理论，当气温超过了一万亿度或能量高于一亿电子伏特时，一飞米序列的距离就被消解了，超出了量子电动力学单独所能描述的新现象和新物质的结构就显露出来。原子核的结构现在已经进入视野之中。它的存在，立刻引出了一个关于量子电动力学的基础的悖论。

原子核是带正电的，是质子和中子的密集簇（dense clusters）。一个单一的带正电的质子是一个氢原子的原子核的核心，但是沿着元素周期表往后，所有其他原子核都包含质子和中子——合起来称作核子（nucleons）——且数目逐渐增加。尽管异性电荷相吸的原则将这些原子中的电子捆绑在外围，但同性电荷相斥的原则应该破坏那些包含好几个质子的元素的原子核（比如，作为现存最重的自然元素的铀带有 92 个质子）。这些质子如何能够在一个紧实的密集簇里保持在一起呢？

答案是，必须存在一个很强的吸引力在核子之间作用，它要强大到足以抵抗它们相互之间的电排斥力并将它们维持在原地。对于这种所谓的强核力的解释，是任何适用于这类能量的理论所必须包含的，而量子电动力学却缺少这一解释。

原子核具有错综复杂的结构。许多还是不稳定的，且需要通过排出一些成分以获得稳定性，这种现象叫作放射性。结果是一种元素的原子能够变成另一种元素的原子。因此，例如一个铀原子核发出一个阿尔法粒子而变成一个钍原子核，并通过进一步地放射性衰变沿着周期表跌落，直到最终稳定为一个铅原子核。阿尔法衰变的现象自然地与量子力学内在相符，并且例示了核物理学如何依然读着量子的大书：量子力学和量子场论看来还是万物理论的本质性要素。

这就是所发生的事情。一个阿尔法粒子是两个质子和两个中子的密集簇，并且高度稳定。另一方面，许多大的原子核，比如铀，几乎不能抵抗它们的构成质子的电分裂。如果一些质子能够伴随着它们不稳定的电效应散发出去，剩下来的就能够更加稳健。阿尔法衰变是自然中完成这一点的最有效方式。但是，首先这一核子四重奏必须要逃脱铀原子核中的其他同人们强烈的结合力。蒙量子力学和量子隧穿现象之帮助，它才得以成功。

我曾经在量子隧穿和攀登从夏蒙尼谷地（Chamonix

valley）到意大利的阿尔卑斯山之间做过类比：

> 阿尔法粒子开始是陷在谷地的。经典物理学蕴含的是阿尔法粒子还保留在它所在之处——陷在沉重的原子核之中——除非有足够的能量支持攀登且翻越山峰到达远处那面的下滑斜坡。但是，量子力学允许它能够通过一个叫作隧穿的过程逃脱。就好像它能够通过勃朗峰隧道出去，但只有它在少于量子力学限定的时间之内完成才可以。[6]

一旦得到解放，由于相似电荷之间的电排斥，这个阿尔法簇会猛烈地从高度带正电荷的剩余的原子核当中退缩出去。因此，阿尔法发射的现象例示了，经典力学和量子力学都适用于核物理学领域。

还有另外一种形式的放射性叫作贝塔衰变，其过程是一个中子转变为一个质子（或是相反）。电荷由于一个电子（或阳电子）和一个中微子（即一种电荷中立的几乎没有质量的电子的兄弟粒子）的出现而全部保存下来。从贝塔衰变释放的能量中出现粒子，是工作中的量子场论的一个范式。

但哪一个是与这一衰变相关的理论呢？不是量子电动力学，因为它没有刻画电荷四处游动的过程或是粒子改变了其同一性的情况。在量子电动力学中，当一个电子射出或吸收一个光子时，它还保持为一个电子。相反，在贝塔衰变中，一个中子转化为一个质子并且释放出能量和电荷。在这种情况中涉及的力被称为弱核力，之所以称为"弱"是与强力相对比，而且也是为了凸显其相对于电磁力明显的微弱的性质。

适用于上述 MeV 级别能量的万物理论还需要一个关于弱力的量子场论。我们同时还需要一个关于强力的数学化描述。这些理论原则上是独立的，但如果存在一个它们能与之契合的真正的万物理论，我们可能可以期望它们具有一些共同特征。而且，假如我们是在正确的轨道上的话，关于弱力和强力的理论应该与量子电动力学有一些相似性。事实确实如此。

量子味动力学

在量子电动力学中，带电荷的电子与一个光子相互作用，前者能够传递能量给后者，却不能传递电荷给后者。关于贝塔衰变的类似的量子场论几乎是对后面这种情况可能的最简单的概括：同样允许电荷的传递。[7]这产生出来的理论就叫作量子味动力学或 QFD。并且，它是成功的。

量子味动力学的起点在于将质子和中子当作兄弟粒子，即它们本质上是同一的，只是具有不同的"味道"——在这个例子中是电的性质（以及质量上有0.1%的差别）。一个相似的孪生关系是在电子和中微

65

子之间，中微子从效果上看就是一个没有电荷的电子，而且几乎没有质量。在量子电动力学当中，光子与电子相互作用，电荷中立的中微子不扮演任何角色。不过，在量子味动力学中，中微子是领衔主演。

光子也有带电的兄弟。它们按惯例被称作 W 玻色子，以 W^+ 和 W^- 指示。上标就指示了它们的电荷，它们与质子和电子的电荷数值和标记都相同。当一个电子吸收一个 W^+，它会转变成一个中微子；相反，一个中微子释放出一个 W^+，就会转变成一个电子。对质子和中子来说是同样的：与一个 W 相互作用，就会使它们相互转化。在量子味动力学当中，贝塔放射性出现于这种情况，当一个中子通过释放出一个 W^- 转化为一个质子，而 W^- 又转化到一个电子和一个中微子之中（见第 74 页的图 4）。这种按照能量和质量的等式（表达为爱因斯坦著名的等式 $E = mc^2$）实现的能量的转化，是量子场论的一个关键特征。

66

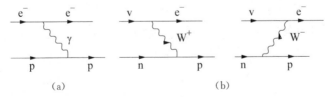

(a)　　　　　　　　　　　　　　(b)

图 3　粒子和力。电子（e）和中微子（ν），或者质子（p）和中子（n），通过分别交换一个光子（γ）或一个带电荷的 W 玻色子（W^+ 或 W^-），感受电磁力（a）和弱力（b）。中微子不与光子进行互动，也不能感受电磁力。

这一从量子电动力学向量子味动力学的延伸成功

地为诸多现象提供了保证，尤其是涉及中微子的那些现象。因此，将电子视为一对粒子中的一个的量子电动力学，其简单概括揭示了贝塔放射性是电磁学的兄弟。然而这两者并非直接双胞而出。将贝塔放射性的发动力称为弱力是为了承认这一事实，正如我们之前所知，其相对于电磁力而言显得更加微弱。

然而，这里所说的"弱"是一个错觉。尽管在低能量下看起来截然不同，电磁力和弱力更像是单一的"电弱"力的不同方面。其在贝塔衰变中显示出的强度上的差别是由于光子没有质量，而 W 玻色子具有大约相当于 85 个氢原子的质量。"弱"的产生是因为"正常"的电磁强度由于一个单个中子从自身中剥离 85 倍能量这一极偶然情况而被压低了。量子理论允许能量被"透支"，但这种透支受到的"惩罚"也相当严厉。这与电磁力相反，在电磁力那里，无质量的光子的辐射没有受这种限制。

因此，量子味动力学和量子电动力学在强度的明显差别只是一个由 W 玻色子的大质量所带来的错觉。量子味动力学中的计算与量子电动力学中的计算遵循同样的准则。并且，与量子电动力学一样，超出最简单的近似之外，量子贡献的加和是无限。在量子电动力学中，重整化之后出现了有限的物理答案。其之所以如此可能是因为光子没有质量，而在量子味动力学这里，W 玻色子质量很大。然而，量子味动力学由于其与希格斯玻色子相关的一个深层本质属性，也是可重整化的。

宇宙被所谓的"希格斯场"所充满，这一术语的名称来自 1964 年建立了这一假设的英国物理学家彼得·希格斯（Peter Higgs）。这一假设于 2012 年为实验所证实，实验表明，125 GeV 的能量能够激发希格斯场的量子粒子——希格斯玻色子。这里与希格斯场的相关性在于，电子以及（尤其关键的是）W 玻色子等基本粒子的质量来自其与这一普遍的背景场的相互作用。在考虑进希格斯场的情况下，量子味动力学是可重整化的，并且其有限的预测与实验相符。因此，通过专注于希格斯场，我们拥有了关于所谓弱力的万物理论。（更多希格斯玻色子相关内容见于本章结尾。）

在对一个终极万物理论的寻求中还有一个额外惊喜，即量子味动力学的数学图形与量子电动力学的数学图形具有显著的相似性。这暗示着，电磁、光以及辐射本身在理论中是深深相关的。物理学家们目前在通向一个普遍的万物理论的征程之中，这诱人一瞥为可行的、可重整化的关于强核力的量子场理论——量子色动力学，即 QCD——的发现所进一步加强。

量子色动力学

放射性现象确实放射到我们周边事物中了。镭触摸上去是温暖的，在一个寒冷的背景当中局部的热就暗示着放射性的存在。然而，原子核在室温下是不可见的。即使一个原子被放射性赋予我们的温暖的能量束所辐射，原子核也不过就是呈现为一个带电荷的惰性的被动的块状物。在这种情形中，核动力学可以被委托隔离起来。量子电动力学和量子味动力学支配一切。

然而，在温度达到几十亿度时，粒子具有的能量处在 MeV 的范围，核结构就变得很明显了。它包含了由强力绑定在一起的中子和质子。当能量尺度大上几千倍的时候——从几百亿到几千亿的电子伏特（在 GeV 范围中）——这种作用力的理论的关键就显露出来了。这种规模的能量揭示了在非常小的距离之间的现象——甚至小于一个质子或一个中子的宽度的距离——这些原子核的构成物本身也具有结构。它们是由更加基础的粒子构成的三个一组的簇：夸克。

夸克层级的实在是目前实验所能达到的最低等级。无论什么样的结构存在于比一个质子宽度的万分之一还小的距离内，或者超过十万亿的电子伏特的（10 TeV）能量下，它们都不在我们能够触及的范围之内，至少现在来说是这样。在任何事件中，就我们目前的目的而言，任何更低层级的结构看起来都能够被隔离起来：宇宙洋葱的夸克层级是关于强核力的量子场论的关键。

质子和中子里的夸克以两种所谓的味呈现：上和下。它们带有电荷，其电荷数分别是质子和电子的电荷数的分数。上夸克带＋2/3 的电，而下夸克带－1/3 的电，所以两个上夸克和一个下夸克构成了一个质子，而两个下夸克和一个上夸克构成了一个中性的中子。三个上和三个下夸克结合会构成寿命短暂的粒子，它们能够在譬如欧洲核子研究委员会的粒子加速器的实验中被观察到，但是我们现在不需要考虑它们。

中子的贝塔衰变被揭示为产生于夸克层面的更基础的反应：一个下夸克转化成为一个上夸克，多余的能量就物质化为一个电子和一个反中微子（中微子的反物质版本）。它的两个搭档——一个上夸克和一个下夸克——则仅仅扮演旁观者的角色，那个下夸克中的改变就已经足以将一个中子转化为一个质子了。在夸克层级观察到的贝塔衰变实际上是与一个电子转变为一个中微子时同一的，反之亦然。就量子味动力学而言，电子-中微子二重奏就与一个上和一个下夸克一样（见图4）。当然它们的电性与它们的电荷的数值都是不同的：中微子是 0，上夸克是 2/3，下夸克是－1/3，电子是－1。但这里一样存在一个基本的对称性：任何一个夸克和电子对于电场和磁场的反馈是与这些电荷的数值成正比的。

我们看到，这里有一些在核物质的种子——夸克——以及电子和中微子之间存在对称性的暗示。另

70

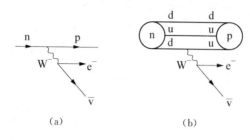

图 4 贝塔衰变。中子的贝塔衰变（如 a 图所示）是由于在夸克层面的一个基础性转变。这包括一个下夸克（以 d 表示）转化为一个上夸克（以 u 表示），在这一过程中，排出了一个带负电的 W 玻色子（W⁻），它之后又转化为一个电子和一个反中微子（v̄）（如 b 图所示）。

一个显著的特征是物质的电荷在总体上是平衡的。例如，一个氢原子中，电子的负电荷准确地被它的正质子所平衡，但是是以一种复杂的方式：比如，夸克一组是三个，而不是两个或四个，而它们的三分之一的电荷奇迹般地相加以能够抵消。后面，我会循着这条线索来寻找一个最终的万物理论的结构。但首先，这里还有另一条线索：强力揭示了为什么夸克构造了这样方便的三胞胎组合。

在它们的电荷之外，夸克还带有其他的属性，也就是为人所知的色荷（colour charge），或简称为色。就像电荷是电磁力的源头一样，色是强力的来源。这种新颖的夸克荷有三个种类，一般标注为红、蓝、绿。

71 并且就像狄拉克要求电子有一个反粒子——电荷相反的正电子——他的方程蕴含了每个夸克都对应了一个

反夸克。因此，反上夸克和反下夸克有着与它们的物质的对应体相反的电荷标志，当然也有着相反的色荷标志，即红、蓝和绿，不过是负的。

色荷的组合规则与电荷的组合规则相匹配：相同色相排斥，而不相同或相反色相吸引。[8] 因此三个带有不同色的夸克就会相互吸引组成一个三重奏，比如在质子或中子里那样。一个带有正色荷的夸克和一个带有负色荷的反夸克也会相互吸引。这些短暂存活的状态就被称作介子，它们在宇宙射线和大气的碰撞中或在粒子加速器的实验中产生，并且仅仅持续片刻。因而，我们在飞米尺度中看到的丰富行为，比如原子核的存在和动力学，是由更低层级的带色荷的夸克三重奏引起的。

这样的现象仅仅在数十亿电子伏特（GeV）的能量级上显现，远超过我们一般能经验到的情况。从原子转到夸克，我们已经在尺寸或能量上推进了数十个数量级，而新的物理学看起来受制于一个作为量子电动力学之延伸的理论。最主要的区别在于强度，但就像我们后面会看到的，即便这一点也是被理解的。

色荷和电荷之间的相似性是真实的，也是深层次的。就像结合电荷相对性和量子场论会导致量子电动力学一样，色荷的导入也会导致一个相似的数学化描述。产生的理论被称作 QCD，即量子色动力学。这种平行是引人注目的。在量子电动力学中，电磁场的量子粒子是无质量的光子；在量子色动力学中，我们又

72

仿佛注定般地被引向了无质量的胶子（gluons）。这些粒子的名字反映了它们的功能：它们将夸克三个一组紧紧地如胶水般粘在一起组成一个三重奏，后者被我们在飞米尺度上识别为质子或中子。

在发现原子核的半个世纪以来，它的结构都只是通过中子和质子来想象的。这些核子被假定为在核结构和核反应的理论当中扮演着主要的作用。用来刻画从数百万到数十亿电子伏特（MeV 到 GeV）能量的现象的经验规则是确定的。但是，从 1970 年，当高能物理学的边界触及几千亿电子伏特的能量时，核子的内部世界就得以揭示了，夸克层级的实在也进入了中央舞台。在从那以来的几十年中，实验表明了量子色动力学是关于强相互作用力的正确理论。

就像它的表兄一样，量子色动力学也是可重整化的。在非常高的能量中，量子色动力学的角色是最为清楚地被揭示了的，夸克之于胶子的亲密是在力度上相似于、行为上相等于量子电动力学中电子之于光子的。在量子电动力学中应用得如此之好的数学方法，比如做出连续性的近似（微扰理论）同样适用于量子色动力学，尽管在技术细节上存在一些差异。

量子色动力学的启示之一就是力的强度敏感地依赖于相关的能量和距离。在 1 飞米左右的距离尺度上，夸克和胶子之间是如此亲密，以至于这些构成部分都不能从它们的牢狱之中逃脱。由于夸克被永久地限制

73

在核子之中，其在核物理学的 MeV 尺度上是不可见的。这种强大的亲密关系就是捆绑原子核的强有力的吸引力之源。因而，尽管量子色动力学的方程是复杂的且仅仅在一个有限数目的案例中可解，但核物理学的质的行为看起来就是从这种基础的奠基性的动力学中突现出来的。

在更加短的距离和极高的能量那里，量子色动力学预测了夸克和胶子结合并没有那么强大。这样的行为已经由大型强子对撞机进行的实验证实过了。如果这一预测同时也能在比在大型强子对撞机所能实现的能量更高的情况中被证明为真，那么它会有更激动人心的含意：如果我们能够检验小到 10^{-30} 米的距离的事情——这比我们目前能够获得的细节要精细万亿倍——电磁和色力（强力）的强度就会变得相似。这是一个强有力的标志：从量子电动力学和量子色动力学中，在我们还相对冰冷的环境下，我们已经窥探到一个关于电磁和强力的统一理论的框架。它们与量子味动力学的相似性，则是下一个标志：这里是通向最终的万物理论——或者至少"除了引力之外的万物"理论的钥匙。

希格斯玻色子：核心理论的顶点

对一个巨大的 W 玻色子的存在的预测最初使关于

原子和核力的可行的量子场论被乌云笼罩，除此之外量子场论可谓完美的三位一体。这一乌云随着 2012 年对希格斯玻色子的发现而消散不见，这一发现是当今核心理论的顶点。不过这一突破的开端要追溯到半个世纪以前，发生在量子电动力学当中的一个迷人的现象。量子电动力学的量子数学蕴含了，如果没有其他场填充真空，那么光子的质量就是零——与通常的经验相符。[9] 不过在一种情形中，光子被观察到的行动仿佛表明它确实有质量：当它在等离子态中的时候。这刺激了一个沿着阿尔伯特·爱因斯坦的优良传统的思想实验，它将把我们引导至希格斯玻色子的想法那里。

在我们头顶之上的一百公里就是电离层，在那里太阳和外太空的辐射将原子分裂成带负电的电子和带正电的离子。这种物质的状态就叫作等离子态。电离层最出名的性质就是它影响无线电波传播的方式。

低频电波不能在一个等离子态中存在（见图 5）。当调频广播讯号到达电离层的下边界时，它们可能会被反射，就像镜子反射光一样。讯号调转方向回到大地之后，它们触到地球的表面又会反弹向上，然后又会被电离层再一次反射回来（正是这种曲折的传播，造就了第一个长距离无线电通讯）。由电磁辐射组成的可见光比由无线电波组成的频率更高。虽然电离层拒绝低频无线电波，它对可见光却是透明的——我们能

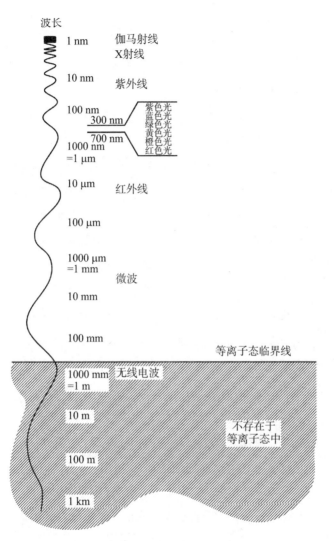

图 5　在真空和等离子态中的电磁波谱。

看到星星，尽管调频无线电波不能穿透它。所以等离子态的关键特征就是，只有电磁波的频率高于某个临界点时电磁波才能够穿透它，这被称作等离子态频率或等离子态临界线。

因此，无线电波的频率低于等离子态频率，而可见光的频率超过等离子态频率的情况，是可能的。只有高频的波能够穿过等离子态，而低于等离子态频率的波将被切断，这一性质使美国理论家菲利普·安德森（Philip Anderson）在 1962 年洞察到，光的光子能够有时候像有质量的粒子一样行动。他想象一个生活在等离子态当中的生物体会如何经验到电磁辐射和光子。这个生物只会意识到电磁辐射振荡得比等离子态频率快。普朗克表明，在一个电磁波中的每个光子的能量与波的频率是成比例的。因此，最小频率对应最小能量：等离子态中的光子具有一个最小能量，但不是零。

现在，一个无质量的光子能够具有任何能量，最低是零。将这与一个有质量的物体相比：它能够通过停止移动将它的动能降低至零，却保持一个固有量的能量（由 mc^2 给定）。因而，一个粒子的最低能量就是对它质量的测量。在真空中，一个光子能够有零能量，与它的零质量相一致。但是，在等离子态中，光子的行动好像表明它确实有质量。从安德森假设的没有意识到自己处于等离子态之中的生物的视角来看，光子是有质量的。我们能够想象，某个处于这样虚幻的环境中的保罗·狄拉克就会开发出包含有质量的光子的量子电动力学了。

现在来一个概念上的跳跃。我们就像上述这个生物一样：我们沉浸在某种无所不在的场中，我们可能叫它"弱电等离子态"。目前还不知道它由什么构成。不过它的性质就是它对于光子是透明的（因而是没有质量的），而对 W 玻色子（以及其他粒子）都不是透明的。W 玻色子在我们看来是有质量的，它们如我们一样生活于这奇怪的弱电等离子态中并无视它的存在。如果这个弱电等离子态不存在的话，粒子就会保持无质量的状态。这意味着，我们之所以感知到 W 玻色子以及其他基本粒子是有质量的，是因为它们与这个普遍存在的场之间的相互作用。

这是一个很好的理论，但它之后五十年才有实验能够证实它。如果正好适量的能量施加其上，一个等离子体是会共振的。在量子理论中，等离子体共振就像一个粒子一样行动，它被称作等离子体振子。一个相似的想法能够应用于弱电等离子态：正好适量的能量会激发弱电等离子态——换言之，希格斯玻色子。如果这能够被实验证明，弱电等离子态的存在就会被证实了。

这可能听起来像是我们在重新介绍乙醚，一种曾经被当作为电磁波传播负责的液体，但是却非常著名地被爱因斯坦用他的相对论所取消了。彼得·希格斯以及其他人在 1964 年所做的正是以一种与狭义相对论相一致的形式发展这一概念性看法。而在 2012 年，希格斯玻色子被发现了，这证实了我们确实沉浸在一个弱电等离子态——希格斯场中。我们目前对这个东西可能包含什么毫无所知。我们仅仅知道它存在，而且要达到如 10^{-18} 米这样极小的距离，从而让粒子与之相互作用，需要 125 GeV 的能量。

希望当我们对这个弱电等离子态了解得更多时，我们就会洞察到为什么与它的相互作用就会导向粒子质量的可观察的范围以及基础力的相对强度。尽管我们的知识还远不是完全的，但我们却可以合理地说，我们已经具备了描述物质本质的万物理论，至少是在当代实验能够实现的能量范围内，组成我们的物质的本质的万物理论。

至于真正意义上的万物理论，它距离我们还很遥远。并且从我们到目前为止所考察的所有内容来说，我们还没有涉及量子场论和广义相对论的联姻——这是下一章的主题。

5

重的物质

一个能量的宇宙

构建当代的万物理论大厦的基础砖块包括了量子力学和爱因斯坦狭义相对论的基本原则：光的速度是一个不变的常数。美国理论物理学家史蒂文·温伯格（Steven Weinberg）曾经提出一个终极理论会包含这样两个特征。我同意他的观点，哪怕只是因为我们缺少更好的洞察。但是，直到20世纪初，科学的发展都没有表现出对其中任意一个特征的明显需要。[1] 这表明，即使在真正的万物理论的基础碎片还缺失的情况下，覆盖广阔现象的成功理论也可以被创造。我们到目前为止考察的历史案例，对为什么这一点发生给出了线索。温伯格的洞察不仅澄清了当代核心理论具有的强健性，而且指出了一个最终理论必须补足的缺陷。

让我们回到牛顿的运动定律。从17世纪起，这些定律刻画了行星、月亮以及地球上所有日常物体的运动，在之后两百多年内它们与经验数据相一致。如果牛顿和他的同时代人能够使用现代的实验设备的话，他们就会检测到小数点后第六位的偏差，我们现在理解了这是由于相对论的影响。为什么牛顿物理学能够如此长期地保持成功，并且持续具有巨大的实践用途，这是因为光的速度——300000千米每秒——对比于20世纪以前的所有科学家和工程学家所研究的物体的速度或是即使今天的大部分情形中的实践来说，都是巨大的。

这里我们看到一个关键规则：当"最终理论"中有些关键的参数是与现实中测量的数值处在完全不同的尺度上时，一个有效的理论就能够在实践中得到应用。因而一个物体相对于光的速度就是牛顿成功的关键，尽管爱因斯坦更丰富的理论将世界描述得更加完全。

当我们寻找这样的关键参数，我们当然必须比较同类型的事物。一头大象不能说比一秒钟大，一千米也不能说比光速小。关键是我们必须要去说明量纲（dimensions）。所以大象相比于跳蚤是大的，而一千米同样相比于一个氢原子的直径是大的。在光速的情况中，我们可以有意义地比较它与量纲为单位时间的长度的数值的大小：若干千米每秒相对于 300000 千米每秒，后者我们用 c 来指称。

下面，让我们探索牛顿图景的另外一个边界：对量子力学的需要。当牛顿力学应用于大的物体（当然，它们也行动缓慢）时，在经验上是适用的；而量子力学对于原子和小的物体的描述则是关键性的。但是"小"究竟是相对于什么来说的？在速度的例子中，在牛顿定律适用的地方，由于狭义相对论的丰富性很可能被忽视了，速度是关键的参数，它的量纲是每单位时间的长度。而对于量子力学，关键的参数则是用 h

表示的普朗克常数，它是以能量单位乘以时间来测量的：比如，焦·秒。

这样的组合——称作作用量（action）——在日常生活中是很少见的，但是每当我们分析原子以及构成它们的粒子的动力学时，它就会进入图景之中。所以，一个物体的作用量相对于 h 的数值的大小决定了量子力学是否需要被考虑进来。当这个作用量的数值比 h 小或与 h 接近时，量子理论适用而牛顿理论就不合适了。当它大于 h，那么对牛顿理论的修正又会重新回到小数点后的第六位。

当我们将 h 和 c 相乘从而组成 hc 时，为什么科学没有能够意识到 19 世纪所接受的智慧的局限的原因就逐渐明晰了。h 的量纲是能量乘以时间，c 的量纲是长度除以时间，所以它们乘积的量纲是能量乘以长度。这一组合可能看起来也挺奇怪，但是它对物理学具有基础性的意义，并且提供了一个衡量牛顿的经典理论何时是有效的万物理论的尺度。

hc 的数值若以焦·米的单位来说是 2×10^{-25}，也就是十乘以万亿乘以万亿分之二，这是不可想象的小的数字。焦耳作为能量的单位，米作为距离的单位，在 20 世纪以前的经典科学和工程学当中是非常合适的，但是对于 hc 的数值以及原子物理学的量子世界来说，则是完全不合适的尺度了。[2] hc 对我们理解自然的能力的重要意义还在于它规定了为处理小距离上的问题你需要花费多少能量的尺度。

尽管我们中的许多人根据我们所使用的千瓦时的数字来付能量的账单,[3] 我们对能量的更直接的感觉是从与温度相联系的热或冷中获得的。就像我们已经看到的,19世纪科学的其中一个最伟大的洞见就是运动中的粒子的能量被感知为热。物理学相应的分支——热力学也很好地被命名了:它处理的是热的动力学和运动。如果大量的粒子相互碰撞,它们会一个一个地传递能量直到整个集体达到了平衡。有些可能要比平均的运动得更快,其他的可能更慢,所以我们不能说给定的温度准确地对应于一个确定的能量。尽管如此,就我们的目的而言,足以说大概300K的室温对应于差不多 4×10^{-21} 焦耳的能量。

在几千度的温度下,物体会开始可见地发热,其对应的能量高于室温下能量差不多十倍。当一个发热体在几千度的温度下辐射光,那个光的波长大约是一微米或更小。事实上,可见光的波长范围在400纳米～750纳米。这是通过可见光谱来处理图像的实际限制。一个更大的望远镜可能放大图片,但是放射物——光——的波长限制了处理(见图6)。19世纪的科学家们所能实现的能量与现代技术所提供的相比是非常局限了。结果就是,那些科学家处理微观世界的能力就非常局限。

现在我们可以使用一些强大的机器,它们能够聚

84

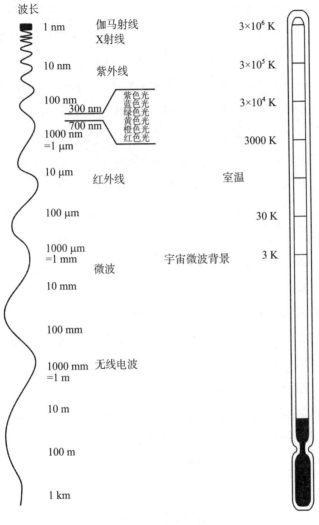

图 6　温度、距离和电磁波谱。

焦于粒子束，这些粒子束单独的能量就是可见光的光子的能量的十万亿倍。欧洲核子研究委员会的大型强子对撞机就是个例子。一个发电站释放能量，这些能量可以被运送到大型强子对撞机里的工具中去。这些产生了推动质子运动的电场和磁场。这些质子束被加速到接近光速并正面碰撞。单个粒子间发生的碰撞的能量比室温下的能量大一百万亿倍。结果就是，这样的碰撞能够揭示相应的小于我们肉眼可见的自然的结构——最小甚至比一个氢原子核还要小一千倍。

　　在这样的条件下，量子力学和狭义相对论对刻画现象来说是完全必要的。但是，正是因为这样的情形是没有出现于 19 世纪的科学家们所能获得的相对低的能量中的，像牛顿所倡导的那些经典理论就似乎成了一个万物理论的候选者。当阿尔伯特·迈克耳孙沉思地说发现只能存在于小数点后第六位时，他离真相并不太远；实践中所缺乏的确实只是足以做出如此精致测量的灵敏的实验装置。对于所有的实践目的而言，经验都为约束在相对低区域的能量的现象所限。尽管没有意识到原子错综复杂的内部工作，维多利亚式科学已经具备了一个极好的关于当时所知的万物的工作理论。

隔离中的引力

　　在数个世纪中，尽管科学一直保持对量子力学或相对论的需求的无知，但仍然能创造非常成功的理论。而在21世纪初，对于引力，我们也处于类似的情形。我们的核心理论包括支持原子核存在的量子色动力学，描述比如像通过贝塔衰变进行元素转化等现象的量子味动力学以及量子电动力学。这个三重奏在数学上如此相似，以至于它们很可能是某个万物理论的亚种。它们描述在超出大型强子对撞机所能获得的能量范围外，原子、原子核、质子、中子以及组成它们的夸克的动力学。但是，没有任何一项提到了引力。

有质量的物体相互吸引，其强度以它们之间距离的平方反比削弱，这是已经知道了数个世纪的性质。在宇宙尺度下，引力是最显著的力——但我们的核心理论忽视了它。为什么隔离引力是可能的呢？

引力的特殊性在于，它在所有粒子之间都表现为吸引。引力的力度因而是累积的，一个单独的原子将它自己微不足道的引力吸引添加到其他所有的原子的吸引之上。太阳是巨大的，这也是为什么它的引力拉力在整个太阳系都能感觉到。电磁力能够吸引或排斥，在巨大的物质那里，这些相矛盾的效果就倾向于抵消了，剩下来的引力在宇宙尺度中是显著的。但是在单个原子的层面，引力的强度相比于电磁力来说是可以忽略不计的：一个小的磁铁会克服整个地球的引力拉力，吸在你的冰箱门上。

86

要对引力的内在微弱性给出一个数量的测量，可以考虑一下氢原子。它包含了一个电子和一个质子。这些粒子分别负载了负电荷和正电荷，其相互吸引的电力随着它们距离的平方反比减弱。引力的力度同样如此。电子和质子各自有质量，所以它们在引力上相互吸引。这种吸引力同样随着距离的平方反比削弱，所以在这个例子中，我们能够将电的和引力的力度贡献做一个直接的对比。我们发现，引力的强度要比其对应的电力小 40 个数量级，即 10^{40} 倍。所以引力在原子尺度上是完全可以忽略不计的，我们的核心理论也是适用的。要辨别出核心理论的预测的偏离，就需要敏感度远超出小数点后第六位的测量。

87
这一当代经验与 19 世纪末的情形是类似的。今天我们忽视了引力，但是我们却有一个成功的核心理论。回到那时，经典力学和经典热力学理论同样适用得很好，尽管对相对论和量子力学的需要还隐藏在黑暗之中。就像我们看到的，定量的理由已经为 hc 乘积（h 是 h 除以 2π）的数值所揭示。要从隔离中释放量子力学，它所需要的能量更典型地被发现于星星而非地球之上。相应地，解放引力的测量是什么呢？

牛顿的万有引力定律说的是两个有质量的物体之间的引力是与它们的质量的乘积除以它们之间距离的平方成正比的。这表达了一个物体的引力如何不同于另一个物体，或者因空间内不同距离而各不相同，但是它完全没有说它的绝对数值。这就需要另一个尺度，也就是所谓的重力常数，以 G 表示。正是 G 数值的小，控制了引力内在的微弱强度。它的值大约是 6.6×10^{-11}，单位为立方米每千克每秒平方。

它对质量、长度和时间的依赖看起来是很奇怪的，但当我们与 $\hbar c$ 的量纲对比时，就会发现有种非常简单的东西突显出来了。当我们拿 $\hbar c$ 除以 G，然后取平方根，我们就得到一个以质量为量纲的数值。这个质量的值大概为一个氢原子的质量的 10^{19}——也就是 10 的百万万亿次方——倍，它被称为普朗克质量。之所以以马克斯·普朗克的名字命名，是因为他是第一个将量子的概念引入到物理学中，并且因为如此做从而首先注意到了 h、c 和 G 的组合的人（见图 7）。

普朗克能量/质量

$$\sqrt{\frac{\hbar c}{G}} \approx 1.25 \times 10^{19} \ \text{GeV}$$

普朗克长度

$$\sqrt{\frac{G\hbar}{c^3}} = \begin{aligned} &= 1.6 \times 10^{-35} \ \text{m} \\ &= 1.6 \times 10^{-20} \ \text{fm} \end{aligned}$$

普朗克时间

$$\sqrt{\frac{G\hbar}{c^5}} = 0.5 \times 10^{-43} \ \text{sec.}$$

图 7　普朗克尺度：质量、长度和时间。

普朗克质量的数值与一根人类的头发的质量是差不多的。一根头发包含了上万亿的原子，因而相对于一个单独的原子的质量，普朗克质量是巨大的。室温的能量与大型强子对撞机所获得的能量之间的差距，是大型强子对撞机与普朗克尺度之间差距的差不多十倍。如果出现在普朗克尺度上的能量的现象突然展现在我们面前，它们极大可能将会像夸克、胶子和希格斯玻色子展现在牛顿面前一样陌生。

普朗克质量很大是因为 G 很小。普朗克尺度的能量与今天我们的实验所能触及范围内最极端的能量相比，仍是很遥远的，这也是为什么我们的核心理论尽管忽视了引力，但在应用到原子及其构成的粒子上时如此适用的物理学理由。

我们可能想象在未来有某种超级大型强子对撞机能够实施达到接近于普朗克尺度的能量的实验。在这种情况下，就像我们后面会看到的，引力在单独粒子上的影响就不再能被隔离和忽视了。如果量子力学对于最终的万物理论来说是基本的，那么一个与量子力学一致的对粒子受引力支配的可行的描述就会是最重要的。一个终极万物理论必须对这种现象给予说明。

因此，普朗克尺度的遥远性既是一个祝福也是一个诅咒。一方面，我们的核心理论不需要包括量子引力，因为忽视它所导致的偏离都是完全可以忽略不计的。但是，另一不好的方面则是，量子引力的范围是如此之远，使得我们几乎不可能找到任何线索引导我们通向正确的理论。

超出牛顿的引力

1905 年，爱因斯坦表明在一个没有引力的宇宙中，牛顿的经典力学是一个更丰富的理论——狭义相对论——的近似。只要我们将注意力放在那些相对于光速来说速度很小的物体之上，牛顿的理论就是一个极好的近似。

爱因斯坦的理论同样揭露了一个静止的有质量的物体包含了一定量的能量，其来自 $E = mc^2$，这里 c 是光速。当这个物体处于运动中时，它整个的能量就是已知的静止能量与它的运动能量即动能之和。只要整体的能量和静止的能量是近乎相等的，牛顿的经典理论就是对爱因斯坦狭义相对论的极好近似。

这是当物体的速度相比于光速很小的情况。在高能物理学里，正如这个名称所暗示的，这一点就不再为真了。比如说，大型强子对撞机里的质子，可以被加速到接近于光速，此时它们的能量超出它们的 mc^2 的一千多倍。牛顿的动力学对于它们的行为的描述就完全不充分了。对于高能的粒子，爱因斯坦的狭义相对论能够支配。

"狭义"这个标签暗示了爱因斯坦的这个理论是专

门针对那些引力可以忽略不计的情形的。对于单个的质子和电子的行为，这在实践中为真，而且从结果上来说，采纳了狭义相对论的粒子物理学的核心理论获得了巨大的成功。但是如果爱因斯坦没有做出这一狭义限制呢？牛顿的引力场的概念如何与狭义相对论所揭示的意义深远的自然图景联姻呢？

在狭义相对论中，爱因斯坦并不是仅仅证明了牛顿的等式是其他更丰富的数学的近似。他改变了我们对空间和时间的认知。在牛顿的动力学中，我们穿行在看不见的空间三维矩阵中，而且根据一个想象的闹钟的稳定节拍测量时间的流逝。这种四维结构（空间熟悉的三维加上时间）在我们穿过它的时候，是保持固定不变的。但是，爱因斯坦的狭义相对论意味着我们的运动微妙地改变了它的构造。

有个人以匀速的高速度向你运动时，会感觉到空间的网格在收缩，而且时间的节拍要慢于静止的你所体会的时间的流逝。匀速运动，意思是我们不加速也不减慢速度（本质上，就是没有外部的力在推动或阻碍我们），它改变了时空的构造。这是狭义相对论的本质性的关键：狭义理论是对时空如何在没有力，比如没有引力的情况下，适应均匀的运动的陈述。因此爱因斯坦有一个明确的问题要解决：引力如何适应这种时空的新观点？

光的速度是一个不变的常数，这一公理将爱因斯

91

坦引向了狭义相对论。但是引力作用于所有形式的能量，而既然光子有能量，引力就会让光束转向。而且引力填充了宇宙，所以光束是普遍受干扰的。爱因斯坦因而遇到了一个难题：一个引力理论如何能够满足相对论的原则，即假设光是以匀速沿着直线传播的呢？看起来，相对论的基本假设能够成立，仅当引力的效果能够不知怎么的被关掉。

爱因斯坦的启示在于，在一个物体进行自由落体的时候，引力是被有效地关闭了。你所感知到的一个重的物体的重量，正是你需要提供的以阻止它掉落在地上的力。至于你自己的重量，是一个称重的机器测量它需要运用多少力以防止你掉落到地球的中心去。如果地板和地球只是水蒸气，那么我们就会以一种没有重量的状态掉落到这个行星的中心去。

爱因斯坦曾提出他最初的狭义相对论，它假设没有绝对的静止状态。他的广义相对论则是从这个观点提出的：没有力和加速的绝对测度。一个世纪之后，我们可以在影像文件里看到这个：国际空间站的船舱里，宇航员以失重的状态飘浮着。国际空间站和其中的人都处于自由落体中，太空船下面的"地板"只是微薄的空气。它们以一定的速度"水平地"移动，这个速度使得当它们朝着地球下降的时候，地球的曲率令地面以相同的比率倾斜。

与此同时，宇航员完全没有任何引力作用的感觉。

在船舱里的物体，都按照同样的比率落体，它们展现为保持在悬浮的暂停状态里，仿佛感觉不到任何力一样。在国际空间站封闭的隔间中，宇航员们完全有理由将他们自己视为静止的。牛顿的惯性定律蕴含了，从效果来看，在一个自由落下的、没有重量的状态中，引力已经销声匿迹了。

这同样适用于光束。假设一个宇航员相对于国际空间站的地板水平地点亮一个火把。在船舱里，光束是以直线传播的。但是在飞行的几纳秒中，国际空间站和光的光子就朝向地球下落。一个在地球上的人的准确测量可以检测到，光束在受引力作用下落时就轻微地弯曲了。

这是 21 世纪对当时爱因斯坦思考广义相对论时所想象的东西的一个类比。下一步，他必须创立一个数学描述。他的这个灵感来自当他考虑一系列自由落体的物体。我们能够想象宇宙飞船的一个护航队，它们相对于彼此是静止的，但在地球引力的影响下都向下掉落。过了一会儿，宇宙飞船上的宇航员就会开始注意到所有这些宇宙飞船相互之间离得越来越近。这是因为，在自由落体中，它们的轨迹都朝着地球中心的一点聚合。

爱因斯坦的启发就是这个自由落体的物体的图景与地球的经线在北极和南极处的重合这二者之间的类比。墨卡托（Mercator）对地球表面的投射放在一个平的地图上，就会表征出这些线条为平行的。这在靠近赤道的地方是一个合理近似，但是如果一个人向北走，他们渐渐会汇合，最终都会到达北极（见图8）。理由是地球的二维表面在一个第三维当中是弯曲的。

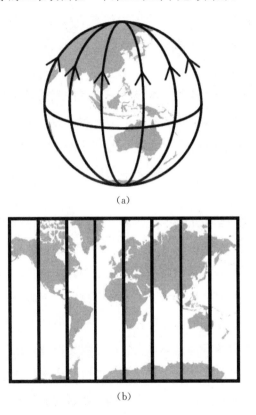

(a)

(b)

图8　经线和弯曲的空间。（a）在一个弯曲的表面，所有的经线在极点处汇聚。物体的轨迹汇聚到吸引者的引力中心（即质量中心）。（b）在一个平面的（墨卡托的）投射中，赤道区域是准确的，但两极区域是扭曲的。这与平坦的空间被强引力的存在扭曲是类似的。

爱因斯坦利用这个来与引力做类比：自由落体中弯曲的轨迹就像表面的经线，它们在更高维度上就弯曲了。对这个类比的一个流行的解读是，空间的三维"表面"是被大质量拉伸开的。实际上，相对论的要求将爱因斯坦引向了一个引力的数学理论——广义相对论——时空的扭曲源于动量和能量的存在，并不仅仅是质量的存在。

在一个平面上，两点之间最短的距离是直线。如果你匀速运动，没有任何外力作用于你，这是花费最短时间的路径。广义相对论当中也是同样：两点之间，物质的物体以及光束所采取的路径，是花费最短时间的路径。

这一点在光学中是很常见的，一束光穿行于不同的介质。花费最少时间的路径使得它在跨越边界从一个介质穿到另一个介质时发生弯曲，这被我们称为折射，就像当一根棍子以一个角度浸入水中时会显得是弯曲的。在光组成的彩虹中，不同的颜色对应于电磁场中不同的振荡比率，当它遇见空气和玻璃之间的一个交界面时，比如在棱镜中，任何一个颜色都追求最短的光路径。这对时空中的物体来说也是同样的：一颗彗星围绕着太阳所采取的路径，是它从太阳系的深处的一边到很远的另一边所花费最短时间的路径。

如果爱因斯坦在彗星上，他就会坚持它是在自由落体中，效果上是静止的且没有外力影响。相反，牛顿则会将彗星的轨迹诠释为一个受太阳的引力所支配的弯曲的轨道。这些观点之间的联系当然正是太阳的引力场将时空弯曲。因此爱因斯坦要建立他的引力理论就不得不回答这样两个问题。首先，一些特定的物质分配如何弯曲了时空？以及已经确定了这种弯曲的形式的情况下，物体是如何四处运动呢？另外，他还需要确保狭义相对论的限制还是满足的。

第一步涉及爱因斯坦在能量和质量之间的等式——$E = mc^2$。牛顿的理论认为一开始相对于彼此是静止的两个物体之间的引力相互作用，是与力的不变尺度 G 和它们质量的乘积成正比的。爱因斯坦的 $E = mc^2$ 因而做出概括，这种相互作用是与 G 以及各自能量的乘积成正比的，整个再除以光速的四次方——c^4。

我们已经考虑的情形是两个物体是静止的，但它们之间的相互作用会导致它们互相靠近运动。这会给它们能量和动量。爱因斯坦关于电磁的经验和狭义相对论的基础会给这种复杂性提供钥匙。我们已经看到了电场和磁场或空间和时间，仅仅对于一个观察者来说是干净利索地区分开的；而相对于第一个观察者，对其他运动的观察者来说，它们就在时空中相互纠缠，电磁是唯一的真的不变量。类似的评论也适用于能量和动量：正是"能量-动量"扮演了时空中的质量和运动的相对测量。因而，爱因斯坦关于引力的相对论归

纳了牛顿的理论，并将能量-动量的密度与时间和空间
的曲率联系起来。

爱因斯坦的广义相对论的实质是通过将"时空的
曲率"作为等式的一边，"动量和能量的密度"作为另
一边，后者乘以 G，再除以 c^4，从而将二者联系起来。
就全部而言，爱因斯坦需要 10 个这种类型的等式。

理由是这样的。曲率是测量一条线是如何在时空
的四个维度中，从一个方向偏离到另一个方向的。为
了记录这个，对于每个开始和结束的坐标的可能组合
都需要一个另外的等式。一条线从一点开始，就有三
个空间坐标和一个时间坐标来指定它，到位于其他时
间在三维空间里的另一点，就总共有 16 种可能性。但
是，其中的 6 个是复制的，这意思是，从 x 到 y 的曲
率与从 y 到 x 的曲率是同样的（类似的从 x 到 z 或反
过来，从 y 到 z 或反过来，以及每个 x、y 和 z 与 ct，
ct 是光在 t 时间里传播的距离）。因此，在 16 组可能
的组合之间，有 6 组是相等的，剩下 10 组是独立的。

在这些 10 个等式中，爱因斯坦发现了对牛顿的引
力理论的相对论概括。爱因斯坦的理论将牛顿的理论
作为一个特殊情形：牛顿的理论中，光速 c 相对于相互
作用的物体的速度是无限的。对爱因斯坦来说，没有
信号传播得比 c 更快，也不存在同时性这样的东西；
对牛顿来说，引力是瞬时发生的，就好像 c 是无限
大的。

因为有 10 个等式，所以很难去做出关于这个理论的可检测的预测。求解方法只是在很有限的一些情况下能够得知。其中一个所考虑的是水星的轨道，它提供了在我们太阳系中时空弯曲的经验证据。如果水星和太阳是太阳系中仅有的物体，那么这个行星的轨道就会是一个稳定的椭圆，水星会无止境地重复同样的环形路线。但是，其他行星的存在扰乱了它的运动，所以它的轨道缓慢地摇摆：它所经历的就称作岁差。牛顿理论预测了这个岁差的量为每世纪 532 角分（一度有 3600 角分）。实际上，岁差是比这个预测多了 43 角分：它是 575 而不是 532。这差不多有百分之八的差异，也就是小数点后第二位的反常。

一个在牛顿理论框架内来解释这种不符的尝试是，提出有一个至今未观察到的行星在水星和太阳之间按轨道运行，以所需的程度扰动了水星的轨道。为了强调它热烈的本质，这个行星被命名为伏尔甘（Vulcan）。但是，所有寻找伏尔甘的尝试都失败了：它并不存在。

爱因斯坦的广义相对论准确地解释了这一现象。作为离太阳最近的行星，水星感受到最强的引力，它运行最快而且最易受到相对论的影响。在弯曲的时空中完成一个循环之后，水星并没如牛顿图景中所要求的，结束于正好同一个地方。与观察一致是对广义相对论的有效性的完美证据；特别地，引力场的能量本身为水星的岁差做出了贡献，这是牛顿的理论所缺失的。

　　这是引力场本身就是一个动力学的构体的第一个证据。一个世纪之后才会有关于引力场的波以及这些波的速度与光的速度相一致的证据。这来自 2016 年 2 月激光干涉引力波天文台（Laser Interferometer Gravitational-Wave Observatory，LIGO）做出的对引力波的第一个直接的观察。两座距离将近 3000 公里的激光干涉引力波天文台检测到，一个引力波干扰了时空。检测到的信号间隔了 7 毫秒。这个波是按照相对于两个检测台的连线的一个角度运行，假如考虑到这一点的话，在测量的误差之内，这个波的速度与光的速度相等。

普朗克尺度下的引力

　　在爱因斯坦的广义相对论里，引力不仅仅作用于质量，而且还作用于能量和动量。比如，无质量的光的光子能感觉到太阳的引力吸引，并且能被引偏。因而在日全食时，在太阳的视线方向上的星星相对于较远离这个方向的星星而言会发生偏离，这个预测在 1919 年得到证实，并且立刻让爱因斯坦名声大噪。伦敦《泰晤士报》在 1919 年 11 月 7 日的头条是："科学革命：关于宇宙的新理论——牛顿观念的颠覆。"

　　牛顿的定律，即在两个物体之间的引力力度是与它们质量的乘积成正比的，是一个经典的近似，它对相对论的影响只在小数点后第六位的那些物体而言为真。而对于高能状态中的两个粒子，引力更准确来说是与它们能量的乘积成比例的，因而要比牛顿的经典定律所预测的要大。

不过，这种区别是远超出我们的探测能力的。为了说明它有多微小，让我们回顾一下氢原子的例子。氢原子的构成部分电子和质子之间相互吸引的引力作用力比它们之间相互的电拉力小 10^{40} 倍。现在，想象质子在大型强子对撞机中被加速到某个速度，使它的能量是它在一个氢原子中几乎无运动时的 10^4 倍。如果它遇到一个差不多能量的电子，后者能量增加的将超过 10^7 倍，相对于牛顿的理论所预测的，它们相互的引力吸引会提高一万亿倍。但这还是比它们之间的电吸引力小 10^{28} 倍，因而仍是完全可忽略不计的。

但是，假设我们能够在空间深处对一个电子和一个质子进行测量，在某些外来物体，比如黑洞附近。宇宙中的电和磁场能够加速带电粒子，使它们的能量远超出地球上目前可能的任何东西。尽管如此，这样的事件可能发生在"外面"，而且也许确实发生了。考虑一个质子和一个电子之间的相互作用，其中任何一个都有着相当于普朗克尺度的能量。对质子来说，这差不多是静止能量或质量的 10^{19} 倍，而电子则是 10^{22} 倍。它们相互的引力吸引力，是与它们的能量的乘积成正比，而不是与它们的质量的乘积成正比的，前者将会是牛顿可能预测的 10^{41} 倍。换言之，引力作用力的力度可能会接近于或甚至大于它们的电吸引。

我们关于基础粒子和作用力的核心理论目前可以安全地隔离引力，而且在可以看得见的未来也是这样，但这不是最终定论。一个包含引力的量子场论必须被包含在最终的万物理论之中。

宇宙常数和暗能量

101 但为了包含量子理论的需要，广义相对论可以成为处理引力的万物理论。那么，假设没有量子问题来成为晴空里的乌云：还有什么问题剩下呢？一个万物理论的目标不仅仅是描述这个宇宙，而且也是解释为什么它具有我们观察到它所具有的这些性质。

被我们称作引力的东西，是一个四维结构的时空的弯曲。爱因斯坦提出了广义相对论，它表明了牛顿的自然定律认为在所有参照物的框架中原则都是一样的，这是犯了概念错误。爱因斯坦将时空的几何学联系到其中的质量和能量的 10 个等式，是满足这一标准的最简单方式，但它们还不是最广义的。广义相对论的原则允许进一步的贡献，一个在宇宙尺度上有着可观察结果的贡献。所谓的宇宙常数有着不同寻常的历史，与我们关于宇宙的扩张的变化中的认知相关联。

1927 年，比利时物理学家和神父乔治·勒梅特（Georges Lemaître）表明爱因斯坦的等式——不包含任何宇宙常数的广义相对论的最简单形式——预测了宇宙是扩张的。这与公认的观点是相矛盾的，公认观点认为宇宙的大框架在空间和时间中是静态的。为了使宇宙保持静止，爱因斯坦在他的等式中添加了一个宇宙常数。为了获得一个静态的宇宙，宇宙常数需要有准确的值。如果它的大小稍微改动，宇宙就会要么收缩，要么膨胀。这种为了与一个静态宇宙的证据相符而用宇宙常数进行微调的举动，使得这个理论没那么简洁，也没有那么美了。

两年后，1929 年，美国天文学家爱德文·哈勃（Edwin Hubble）利用当时世界上最大的望远镜，做出了一个令人吃惊的发现。直到哈勃的观察之前，我们所知的宇宙仅仅包含了我们自己所在的银河系。确实，其他"星系"的概念都还不存在。哈勃表明宇宙包含了数不清的星系，最为引人注目的是，平均而言，它们是在相互远离地移动的。这意味着，宇宙有一个开始，也有一个年龄。用现代的话语来说，宇宙开始于138 亿年前的一场大爆炸。

随着哈勃对宇宙不是处于静态而是处于膨胀之中的发现，爱因斯坦得意扬扬。再也不需要宇宙常数了：哈勃修复了爱因斯坦等式之美。爱因斯坦后来将他宇宙常数的引入描述为"我生命中最大的错误"。[4]

宇宙常数真的会破坏广义相对论的数学之美吗？爱因斯坦显然是这样想的，他的直觉是他的理论应该尽可能简单，所以包含宇宙常数的理论是不想要的复杂内容。但是，还存在看待"简单性"的另一种视角。这个理论的一般结构事实上确实允许有一个宇宙常数的存在，所以去除它就等于假定它的数值是一个准确的值：零。当"零"在无限的可能性当中呈现出来时，一定存在某些深层的理由。比如，光子的质量为零，是由于对量子场的行为的一种意义深远的限制，即规范对称性。也有其他的量子对称性，比如手征对称性，它要求其他的现象呈现零能量。但是，还没有任何已知的对称性需要宇宙常数消失为零。

因而一个宇宙常数不能被排除，而且确实最新的发现表明它是需要的。但是尽管这个数量的经验价值已经被认可了，对它的数值仍尚无理论预测。就广义相对论而言，它的大小是任意的。

宇宙常数如果是一个很小的负值，就会导致一个静态的宇宙，也就是直到哈勃发现宇宙是膨胀的以前爱因斯坦曾诉诸的情况。这个常数如果消失为零，就会蕴含一个稳定的膨胀，这也是许多年的观察似乎暗示的。但是，在过去的十年里，准确的数据——又一次是小数点后的第六位——已经被获得了，它们表明现在的膨胀比十亿年前更快。要满足这种加速的膨胀，宇宙常数必须是小的正值，而不是零。

宇宙常数的物理重要性实际上是一个能量密度，它填充了所有空间并将星系从彼此之间推开。它的来源到目前为止还是一个谜，而且它常常被指涉为暗能量。不管它的来源是什么，当宇宙常数被包括在内时，暗能量呈现为与广义相对论相一致。

广义相对论能够容纳暗能量，但并不能解释它。一个可能的来源是与引力相关的量子影响。我们知道关于电磁作用的相对论式量子理论，即量子电动力学，安置了真空能量的虚拟波动，而例如对电子的磁性质的准确测量则证实了这一现象。一个引力的量子理论也会对真空的本质有相似的含意。但是，将广义相对论和量子理论结合的结果会提出更深层的问题，这个问题既在实践层面也在原则层面。

广义相对论和量子理论看起来已经让我们触碰到了万物理论的边界。然而，就像我将在下一章所论证的，它们的结合引出了我们 21 世纪天空的两朵乌云。我们正处于一个世纪以前开尔文勋爵所处的类似情形之中。

6

量子引力的乌云

某些基本粒子，比如电子、中微子和夸克，都有着相同数量的内在角动量或自旋。以标准量子数量的倍数来表达的话，这些粒子与普朗克常数成比例，有1/2的自旋数。任何有着1/2自旋数的粒子，当如此被量化时，就被称为一个费米子。有着整数自旋数（0，1或2）的粒子就都被称作玻色子。因此，希格斯玻色子没有自旋，是一个玻色子，就像光子自旋为1，也是一个玻色子。

量子电动力学、量子味动力学和量子色动力学有一个共同特征：这些相应作用力的承担者——光子，W和Z玻色子，胶子——的自旋数均为1。这些量子场理论是可重整化（换言之，显然的荒谬之言比如对无限可能性的预测可以被一致地去除掉）的证据部分地依赖于这一事实，这些玻色子的自旋数都为1。但不幸的是，引力则没有这么美好的巧合。

要知道为什么，让我们先回到麦克斯韦的电磁理论。电和磁场都有数量和方向，因而是矢量。两个电子之间的电相互作用力与一个电子和一个质子之间的电相互作用力有相同的强度，但是却按照相反的方向作用：一个是吸引，另一个是排斥。这种方向性特征就是矢量的源头，这在量子电动力学中，就延续到自旋数为1的光子的矢量特征上了。一个类似的双重方向的特征在量子味动力学和量子色动力学中是很隐晦的。那么，引力是什么情形呢？

106

对牛顿来说，引力是普遍地吸引的——不存在反引力——且引力是与物体的质量成比例发生作用的。如果这是终极理论，其数学会比量子理论更简单。但是，爱因斯坦的引力理论——广义相对论——表明引力的来源是能量和动量的相对论式组合。动量是一个矢量，因为它能够在空间中有方向——你的运动可能是三个维度中的任何一个：比如，上和下，前和后，或侧面。因而当动量的这三个方向与能量相结合，就有四种相独立的测度，而对引力相互作用的描述包括了 10 个相关联的等式，就像我们在上一章看到的。按数学语言来说，这些等式是一个张量的 10 个相互独立的组成部分。

一个矢量场的量子场论包括了自旋数为 1 的玻色子，对于一个张量场要求自旋数为 2。因而，为了替代在电磁作用中无质量的自旋为 1 的光子，一个引力的量子理论要求一个无质量的有着自旋为 2 的粒子的存在，这被称为引力子。

在假定这一相互作用包含了一个或更多的引力子的交换的条件下，计算两个粒子之间引力的相互作用是可能的。但是，一个完整的关于引力场的量子理论必须要考虑产生虚拟粒子和反粒子的引力子引起的扰动，就像在量子电动力学中发生的一样。另一个可能性是，引力子自身就带有能量和动量，它们能够相互之间作用。如果结果确实是这样的话，那么这些可能性之间相乘结果的总和会爆发以得到无限性。

在量子色动力学中也有类似的现象，胶子带着色荷，且能够相互作用。但是，胶子是像光子一样自旋数为 1 的玻色子的事实，使得量子色动力学是能够重整化的——使之可行——就像量子电动力学一样。但是对引力来说，这一点并没发生。引力子自旋数为 2，我们有可能尝试追求的最简单的量子引力理论都不会是可重整化的。

如果你认为无限性是你的答案，那么你就没有一个合适的理论。不过，构建一个可行的引力量子理论的困难超出了重整化的问题。它出在量子力学和量子场论的最根基的地方。

如同我们所看到的，建立在量子场论基础之上的实验的关键在于揭示小距离的物理的动力学，你需要将高能状态中的粒子分散开。不过如果引力变得重要，这一发起原则就消失了。要知道为什么，就想象我们能够将粒子正面碰撞，它的能量就相当于普朗克能量——10^{19} GeV。这个碰撞导致了一种总能量超过了普朗克能量的结构，而按照量子理论，普朗克能量是局部化于普朗克长度之内的，也就是大约 10^{-35} 米。根据广义相对论，这一结果就是这将会制造一个黑洞。

这确实会是一个迷人的实验。但是这里没有任何东西必然地蕴含了理论物理学的致命困难。当我们现在想象以更加高能的粒子重复这个实验时，潜在的悖论才浮现出来。理论关于这点又预测了什么？

量子场论使我们确信，在更高能的情况下，我们将能够以更加短尺度的距离审视自然。按照爱因斯坦在质量和能量之间的等式——$E = mc^2$，更高能量意味着所产生的黑洞具有更大的质量。但广义相对论告诉我们黑洞的半径是与它的质量成比例地增长的，所以它会比以前更大。因而，随着能量增加，所产生的黑洞会贪婪地抓住更多的时空，这会使量子场论中固有的高能和短距离之间的对应关系失效。

这个困难是由想象的实验产生的，但由于量子不确定性，它已经在实践上让我们十分苦恼了。量子场论指出，空间中的真空充满了粒子和反粒子，它们在越来越快的时间尺度上，通过越来越短的距离，冒泡似的出现又消失。我们知道这是真的，因为在准确到小数点后第十二位的量子电动力学中，关于电子的磁性质的计算说明了这种类型的现象。

这一计算包括了来自甚至更短长度尺度上的波动的影响——或者说，同等的，在更高能量上的波动。就量子电动力学、量子味动力学或量子色动力学来说，这都没有问题，但是引力引入了一个悖论，因为靠近普朗克尺度的波动对应的是超级能量，相较于普朗克能量来说。黑洞因而冒泡似的仅持续片刻的存在又消失，且从可观察的宇宙中消除了所有短于 10^{-35} 米的距离。因此在非常短的距离，时空本身变成了某种不确定的泡沫。量子场论的基础——时空中在不同的位置之间的局部相互作用——似乎已经消失不见了。在量子场论和引力之间有着基础性的冲突。

就像开尔文勋爵认定了在他的 19 世纪物理学风景的晴朗天空中侵入的两朵乌云一样，21 世纪我们对万物理论的追寻也碰到了一个引力黑洞的困难。对我们来说，在清晰的视野中也有两朵乌云，去除掉这两朵乌云则是一个万物理论的最低要求。第一朵乌云就是当我们尝试结合量子场论和广义相对论时遇到的宇宙常数问题。

宇宙的乌云

普朗克尺度的黑洞表象动摇了量子场论的基础。这是一个根本性的问题：它不能简单地被隔离开且为实践的目的所忽视，因为它在我们存在的可观察的宇宙当中有着重要的影响。这就是为什么。

我们的宇宙正在膨胀，最近关于这一膨胀的速率的数据揭示了，在真空中有某种排斥的暗能量。量子场论在广义相对论中的应用表明，真空远不是空的，它有某种能量密度，与这种观察到的暗能量在效果上类似。通过使我们之前碰到的宇宙常数有一个限定的值，这一现象在广义相对论中得到安置。不幸的是，观察到的暗能量的数值或者是宇宙常数的数值，与量子场论中预期的值之间存在着难以想象的巨大差别。

根据量子场论，如果这种能量密度的源头是一种吸引的作用力，就像常见的引力那样，宇宙应该在 10^{-35} 米的尺度上卷曲起来。如果这一影响有着相反的符号，比如某种排斥的反引力，其效果就会是宇宙每 10^{-43} 秒在尺寸上扩大一倍。这一被称作普朗克时间的短暂瞬间就是光传播 10^{-35} 米所需要的时间。这些情境中的任何一个都没有在我们的宇宙中被观察到。在现实中，宇宙经过一百亿年的时间才在大小上扩大一倍，差不多长于普朗克时间的 10^{60} 倍。宇宙常数的不匹配则是这个的平方，即 120 个数量级。

所以，当量子场论被应用到电磁作用力上时，我们能够以小数点后第十二位的准确度理解一个电子的特征，但如果我们想在引力上进行同样的尝试，我们就会发现我们距离正确描述这个宇宙差 120 个数量级。要明白这个数字是如何荒唐地大，考虑一下这一点：它超过了宇宙中的质子总数量 40 个数量级。不顾一切地拯救这个理论的一个尝试是假设有某种其他的对真空能量的贡献，能够以小数点后 120 位的准确度抵消这个。但是要完全为了使我们自身摆脱这场灾难而发明某种特设的实体，也并不是一个好的科学——这会是一个不自然的"微调"。

我们这里所拥有的是开尔文勋爵两朵乌云的 21 世纪的类似物。宇宙常数的困难——隐含在量子场论中的真空能量——暗示了在我们的理论结构中存在某种基础性的缺陷。我将在我们见识过第二朵当今的乌云——级列问题之后，再回到如何解决这个缺陷的想法上来。

级列乌云

如果说第一朵乌云是对存在一个大尺度的宇宙的讽刺，那么第二朵并非完全不相关的乌云就是，在那个宇宙中存在着结构。星系、恒星、行星——所有这些物体存在是因为引力相较于电磁和强力而言是非常微弱的。恒星存活是因为，由核作用力与电磁作用力控制的来自它们中心的核聚变辐射压力抵抗了引力坍缩。如果引力与其他力一样强，行星就会坍缩到黑洞里去了。

所有在周期表里的原子的元素，以及所有由这些元素构建起来的物质，它们之所以存在是因为核和原子的空间维度比普朗克尺度大太多了。这反过来说也就是因为电子的质量太小了。一个氢原子的大小被电磁力的强度和电子的质量所控制。（如果电子比现实中更轻，原子就会更大。）这是因为电子比普朗克质量轻太多了，原子也就比普朗克长度——10^{-35} 米——大太多了。

电子通过与普遍存在的希格斯场的相互作用获得

112

了它的质量。大型强子对撞机的实验表明，与希格斯场的相互作用发生于距离大于 10^{-18} 米的地方——比如，激发一个单独的希格斯玻色子需要 125 GeV 的能量。假如希格斯的质量尺度更大，或者相互作用范围更短，那么电子的质量就会比现实中大。

就是在这里，量子波动的谜题出来萦绕着我们。这些波动应该同样影响着希格斯场，而且激发一个希格斯玻色子——玻色子的"质量"——所需的能量应当大约是普朗克尺度的。希格斯场与粒子发生相互作用的动力学应当发生在大约 10^{-35} 米的尺度处，而非 10^{-18} 米长度之处。这些基本粒子的质量应该比我们所观察的值大 17 个数量级。由于类似的原因，原子也应该要更小一些。

就像我们在宇宙常数那里看到的，这里我们又有了与量子引力不一致的尺度的级列问题。原子和宏观结构的大小唯有当某些东西反向抵消了希格斯场的量子波动才能说得通。我们这里可能需要诉诸的微调，不像宇宙常数那里极端到 120 个数量级，但是也要超过 30 个数量级，这依然是非比寻常地大了。

113　　这两朵乌云一起暗示了有某种我们尚未意识到的基本原则在起作用。任何最终的万物理论都必须解决这两个问题。

空间和时间的量子维度

至少以我们目前对它们的理解来看，广义相对论和量子场论之间存在着一个冲突。量子场论是建立在21世纪物理学的两大支柱之上：量子力学和爱因斯坦相对论理论中具体化的时空结构。因此，为了避免不想要的大的量子效果，就要将所有事物转向普朗克尺度，至少量子场论的基础之一必须以某种基础的方式转变。我们有多确信量子力学的有效性呢？我们对空间和时间结构的理解经得住挑战吗？

在史蒂文·温伯格的《终极理论之梦》一书中，他猜想任何最终理论都必须包括量子力学。所有建构理论的尝试，如果其中量子力学的规则改变了，即便只是一个很小量的改变，就会导致逻辑上的不一致。这可能反映了我们想象力的贫乏，但也可能是对量子力学基础性作用的深刻洞察。至少在目前，我们能保留住量子力学，因为存在数学的理由让我们怀疑，我们对另一支柱，即时空的结构的认知是不完全的。当我们审视这些数学，我们发现量子效应已经以一种捉弄人的方式被焊接到时空构造中去了。

这一数学的漏洞以超级对称性之名出现。在我们所熟悉的空间和时间的四个维度之外，还有量子本质

114

的其他四个维度。尽管有可能在熟悉的维度里运行任意长的距离，我们在量子维度里只能迈出孤零零的一步。

在熟悉的维度里，数学通常的规则都适用，比如说 $a \times b = b \times a$。但是，对于量子维度里的变量，事情就不一样了：$a \times b = -(b \times a)$。所以同一运算的重复，用 $a \times a$ 表示，就为 0 了，因为 $a \times a = -(a \times a)$，唯一的可能就只有 a 的值为 0。因而在用满足超级对称性的量子变量建构起来的理论中，有可能向着新维度里迈进来或者迈出去一步，但那就是所有能做的了。

如此迈向量子维度的一步如何呈现在我们的四维感觉中呢？当一个孤独的粒子，比如一个电子，迈向了量子维度，它就会对我们呈现为一个新的粒子。它的质量和电荷还保持为原有模样，但它的磁性会发生改变，因为它的自旋改变了。大体来说，这在我们时空中呈现为一个费米子的变成了一个玻色子，而一个玻色子转变成了一个费米子。超级对称版本的电子叫作超级电子，通常简写为超电子。

在超对称理论中，传统的粒子，比如电子，产生的大的量子波动，由与它们的超对称性伙伴相联系的对应波动相匹配。美妙之处就在于这些超对称波动与传统粒子有着同样的大小，但它们是负的。结果就是，在总合计中，传统粒子的贡献和它们的超对称对应体的贡献抵消为零。

对一个理论物理学家来说，超对称中的数学形式的准确性堪比巴赫音乐，深度可比贝多芬的第九交响曲。时空中量子波动的代数结构与它们超对称的对应体的代数结构，在一开始呈现得非常不一样，非常像一个乐谱上表示一个合唱团里单个的声音的记号，它没有揭示什么特殊的东西。但是，当经验丰富的表演者将它们组合在一起时，就是对欢乐结局的美好的颂歌，对贝多芬如是，对数学家也如是。

但是这一类比是不完全的。艺术作品是由它们的内在特质判断的；理论物理学的构造也许是美的，但如果自然不去使用它们，它们就是无关的。这就是物理学的关键：实验决定哪种观点存活或死亡。超对称性是一个优美的理论，但自然看起来没有以完美对称的形式读出它的等式。简而言之，并不存在与电子质量一样的超电子，也不存在任何与其他基本粒子质量一样的超对称对应体。

不过，这里存在一个漏洞。我们知道物理学中的其他例子，对称性出现在除了粒子质量以外的所有地方，例如弱力的有质量的 W 或 Z 玻色子对照于电磁力的无质量的光子。质量能够隐藏一个近乎完美的超对称，如此以至于超电子就比电子重许多，其他的超对称粒子同样也比它们传统的对照物要重，但超对称的所有其他特征都保持完美。如果自然在小于 10^{-18} 米的距离中是超对称的，如此以至于超对称粒子出现在100 GeV 到 1000 GeV（1 TeV）的区间，这还是会去除掉量子场论中的巨大波动，并解决级列问题。但是，这一假设仅仅当超对称粒子的产生在足以探测这些能量和距离尺度的大型强子对撞机进行的实验中被发现时才成立。

直到 2017 年，没有任何直接证据表明自然读出了超对称性。曾经有过一些间接的线索指出，超对称理论可能需要相对大量的暗粒子的存在——这些粒子只感受到引力以及可能弱相互作用力，但感受不到电磁力或强力。星星在遥远星系里的运动，还有一个星系对另一个星系的引力回应，仅当引力的来源比我们能够通过由光学、无线电、红外线、X 光射线以及伽马射线波长做出的观察所说明得更加广泛的情况下，才能被理解。构成这一可观察的宇宙的所知的粒子，看起来仅仅是所谓的暗物质之海上漂流的货物，而暗物质是一些不在任何电磁波长里闪烁的东西。我们还没有发现它的组成是什么。但是，如果它最终是由暗粒子构成，与超对称理论相一致，那宇宙学、粒子物理学以及我们对时空的理解就会形成一种卓越的共生。它也会消除 21 世纪两朵乌云的其中之一。

它也许也能让我们向着另一难题，即宇宙常数的解决迈出一大步。为了看到这是如何做的，我们首先需要介绍超弦和多元宇宙的概念。

超弦

超弦理论建立在一个关于对普朗克的距离尺度上的时空本质的基础性的新颖概念之上，而且它潜在地对几十亿光年尺度的宇宙的本质也有启示。

在弦理论中，[2] 时空在 10^{-35} 米尺度上包含了小毛刺。这些时空的平滑结构上的狭缝就称为弦，它们能以无限多种方式振动。它们对我们目前的显示"时空是持续着的"的实验来说过于小，以至于无法被检测到。这里的假设是，在大的距离或在能量远低于普朗克能量时，量子场论是对基础性的弦理论的一个近似。从根源上来说，我们目前与粒子联系在一起的场就是时空中的这些狭缝的振动。

最初，在 20 世纪 60 年代后期，弦理论是一个数学上的探索。它提出，存在这样一种振动模式，其行为就像一个没有质量的且自旋数是光子的两倍的粒子。这恰好与引力子——假设的引力场的量子簇——等同。就像光子的交互带动了电磁力一样，引力也源于引力子的交互。引力的微弱强度确定了弦的动力学的尺度。如果这一特定模式确实认定为引力子，那么引力的微弱意味着弦必须非常难激发：它的张力是巨大的，激发它所需的能量必须是普朗克数量级的。

这里的含义就是所有已知的物质粒子都是最低模

118

式的弦的显现，类似于一把小提琴上的空弦。与之相反，任何激活模式，就类似于小提琴上的一个和弦，它大约会在普朗克能量尺度满足时物质化。这会使得弦理论的直接实验证据非常难获得。我们不得不希望这个理论有一些理论上的后果可以被我们在可及的能量范围内检验。决定性的证据尚未可得，但是如果我们接受这一前提，即现实的最终基础能够在弦中被发现，我们可以得出什么结论呢？

第一，量子场论可能不是基础性的，而是任何满足量子力学和狭义相对论的限制的理论的一个一般性质。因此，一个可行的理论会在低能量的情况下展现为量子场论，当然这里的"低能量"是相对于普朗克尺度。反过来说，在目前能够通达的能量范围内，量子场论很好地描述了自然的这一事实，并不意味着其在普朗克尺度上依然为真。因而我们目前关于粒子和力的核心理论，即所谓标准模型，可能只是一个更丰富理论在低能量下的错觉，这个更丰富的理论的身份只有在更高能量那里才能变得清晰。这一哲学是与物理科学的历史相吻合的：牛顿的经典力学是爱因斯坦狭义相对论的低能量近似（a low-energy approximation），而牛顿式引力是广义相对论的低能量错觉（a low-energy illusion）。后面我将会回到经典力学和量子力学的关系。就现在而言，我们已经足以说，这使我们对万物理论的概念的食谱完整了。

　　弦论曾经有很大数量的可能性，但是在 1984 年，英国理论家迈克尔·格林（Michael Green）和美国理论家约翰·席瓦兹（John Schwarz）发现，其中仅仅有两个看起来与低能量的量子场论的要求相一致。他们分析的一个重要部分是将超对称吸收进这个混合之中：超弦理论诞生了。时空的狭缝包括了六个在我们熟悉的四个维度之外的维度。突然间希望来了，超弦理论可能是非常严格地限制着的，以至于一个唯一的万物理论就触手可及。

　　大量关于超弦理论基础的理论探究随之而来。在建立新的数学洞见上已经取得了非凡的成功，在物理学未曾预料的领域中也有应用，例如量子纠缠和信息理论。但是讽刺的是，在将超弦理论变为关于粒子和力的独一无二的万物理论的原始追求上，却鲜有明显的进展。

　　当大量的超弦理论被构造出来，其中任何一个都与格林和席瓦兹所认定的量子力学限制相一致时，20 世纪最后几十年中的许多大肆宣传都平息了下来。对出现一个独一无二的理论的原始希望已经过去了。但是，人们对于弦理论揭示了普朗克尺度上的时空的狭缝结构的本质性真理这件事还是保有极大信心。尤其是，在低能量下，超弦理论呈现为量子场论，但是并没有曾经折磨传统量子场论应用的关于尺度的级列问题和在普朗克尺度上的不一致问题。

不过，还是有一个一般特征能够处于实验所能实现的范围内：超弦理论要求超对称在自然中实现。因而，超弦理论能够潜在地去除量子引力的乌云中的一朵，所以也存在着高强度的实验工作去发现超对称的直接证据，比如超电子或其他预测的已知粒子的超对称类比物。

一旦被宣传为对我们宇宙的长期追寻的独一无二的描述，超弦理论就已经成为神话中能在任何一个头被切断的地方长出两个头的九头蛇（Hydra of Lerna）一样。随着对一个独一无二理论的希望的过去，对许多不同版本的数学上融贯的超弦理论的发现已经产生了各种不同意见。

对一些人来说，超弦理论不过是"一组美丽的但始终不为人类所能及的观念"。另一些人则认为众多超弦理论的出现可能通过解决宇宙常数之谜而提供了一种去除第二朵乌云的方式。在这种对其方程的诠释中，超弦理论已经进化到我们的宇宙不再是"万物"。作为代替，我们所处的只是在许多宇宙：多元宇宙（multiverse）中的一个，在多元宇宙中所有基础的参数的可能值都会出现。在这一更丰富的"万物"中，我们是幸运的胜利者，是一个适合生命的金凤花姑娘（Goldilocks）宇宙的居民。

多元宇宙

超弦理论描述的是在不可想象的小尺度上的时空，它已经表明，我们可能不得不改变我们在宇宙尺度上的时空概念。结果显示，一个独一无二的和特定的关于普朗克尺度上时空的超弦理论会为时空的大尺度性质产生多重不同的解决方案——多重的宇宙。在所有这些宇宙中，基础的自然定律是一样的。比如，它们都有着与实体的能量成比例的实体之间的力，因此有引力。存在着能够改变味的带电荷和色荷的粒子，因此有电磁力和可类比的"弱"力和"强"力。（我这里用引号标示，是因为弱力和强力的相对强度总体上不同于在我们的宇宙这一特殊的解中对应的值。）

根据估算，存在 10^{500} 个解中超对称以大致对应于我们的现状的方式显现。这个数字是如此庞大，简直是不可思议的：与宇宙常数不匹配的尺度，即 10^{120} 相比，这简直是让人惊异的巨大。在这个庞大数目的可能性中，宇宙常数的数值范围是从巨大的正值到 0，再到巨大的负值。

一个宇宙常数为巨大负值的宇宙会在非常短的时间内生成和毁灭，不足以让有知觉的生命来进化。在另一个极端，巨大正值意味着一个普遍的排斥力，它会使得一个宇宙迅速地扩张以至于引力的吸引作用力都被压制。在这样的宇宙中，物质不会聚成星系，而后者是维持生命的行星的先决条件。为了使智慧生命得以出现，看起来宇宙常数——将所有的量子波动考虑在内——必须要足够小，以使得星系有一个好机会得以组建，而行星能生存数十亿年。这对我们的宇宙来说显然是真的——否则我们就不会在这里争论这些问题。这个理论可能是真的，但是它没有解释为什么我们赢得了最大的乐透。不过，在宇宙学中有一个有趣的假说，被称作永久膨胀，它有解决这一问题的潜力。

对宇宙正在膨胀的速率的观察以及宇宙在至多270亿光年的可观察的时间跨度中显示出显著的均衡的事实，暗示了在大爆炸期间曾存在一段短暂的迅速扩张，术语叫膨胀的时期。这带来的结果之一是宇宙延伸得比我们所可能看到的远多了。这就类似于在地球表面上，我们的视野被地平线所限制，尽管还有很多延伸出地平线之外。因而，我们宇宙的地平线是大约138亿光年之外，超出这个距离还有更多对我们来说难以到达的遥远的星系。

这一与可到达宇宙之内的观察相一致的膨胀的模型，暗示了其他潜在宇宙的泡泡在不断地形成。在这些泡泡里的宇宙常数的值，是在一个无限范围内随机分配的。有一个无限的多元宇宙，其中超弦动力学的10^{500}种可能的解在时空中某个地方被无穷地产生出来了。

因而，自然正在持续不断地制造宇宙。它保证的是，10^{500} 种可能性中的（至少）一种！刚好有了小的宇宙常数，刚好像我们的一样，准确到 10^{120} 分之一。超弦理论，原来被认为是向着我们的独一无二的宇宙之存在理由的独特的指引，却刚好有了庞大数量的解。但它远非不可克服的困难，而是被视作一个天赐之物。超弦理论目前是我们所有的对宇宙常数如此之小的唯一解释：我们刚好生活在一个金凤花姑娘宇宙，它是多元宇宙中的一部分。

万物或无物？

若要有机会去除我们现代天空中的两朵乌云，我们需要量子场论与广义相对论的成功联姻。总结一下问题所在：在量子场论中，随着能量的增加所探测的距离是缩短的；但黑洞随着能量增加而变大，也即有更大的距离。因此看起来，一个可行的量子引力理论不能是我们曾用来描绘其他基础力的传统的量子场论。

存在这样一种可能性，即包括了量子引力的终极万物理论，在总体上具有新的特征，但在低能量状况下会还原为量子场。就像我们已经看到的，这会与历史相符合：牛顿力学是低能量限制下的爱因斯坦狭义相对论，牛顿式的引力是广义相对论的近似。量子

124

场论因而也许也是一个低能量限制下的某个更丰富的理论。这样一个理论的数学例子包括弦论和圈量子引力理论。但是，到底是否其中的某一个就是通向最终理论的指引，还是一个开放的问题，而且有可能是一个实验无法回答的问题。这对科学的本质以及我们建立一个万物理论的追求提出了意义深远的问题。

具体来说，让我们假设我们已经发现了关键钥匙（如果尚未打开完整的理论的大门），钥匙在这些洞见里：时空包含了结合超对称的量子维度，以及超弦理论解开了自然的最深层的动力学的密码。我们从我们居住于一个多元宇宙的蕴含中得出了什么结论呢？科学知识应当是经验性的：一个理论要被接受为科学的，它就必须是至少在原则上是可证伪的。这一观点由哲学家卡尔·波普尔（Karl Popper）于 1934 年提出，并且作为决定什么是和什么不是一个科学理论的标准已经普遍地被今天大多数科学家所接受。那么超弦理论和多元世界的观念——存在多重宇宙——是可证伪的吗？

量子引力的真正动力学在普朗克能量尺度的实验中就会变得显而易见。但是，这要比大型强子对撞机所能获得的最高能量高 1000 万亿倍。如果我们能够设计这种条件下的实验，我们就不再能忽视量子引力，但是因为这个能力的实现是如此遥远，在我们目前的核心理论，即标准模型中，它可以被隔离。这是好消息，因为它使得今天的实践科学和技术，在没有一个达成一致的量子引力理论的情况下，成为可能。但是，坏的方面就是，它的这种遥远掩盖了关于如何构建一个可行的万物理论的任何线索。

目前，弦论面临着一个之前的所有万物理论都已经跨越过的障碍。这就是：我们迄今遇到的万物理论都只使用少量的假设就能够解释这个世界很多，当然是在限定的范围内。这种"少花钱多办事"的特征使得它们深入人心，也相当重要。从这个视角来看，弦论——作为一个统一支配粒子和力的行为的定律的候选——就止步不前了：它是"一个对迷人的数学结构的探究，但可能与也可能不与物理宇宙相关联"。[4]

弦论至少通过了波普尔的可证伪性测试，所以有资格成为一个科学理论。它不是内在的不可测试，只是还没有成功而已。就实验来说，一个人可以想象一些未来的技术，它们至少在理论上有能力加速粒子到普朗克尺度。在可预见的未来，挑战在于支持弦论的证据是否能够通过现实世界中的实验被发现，因为在现实世界中，能够实现普朗克能量尺度的粒子加速器尚不在我们能力之内。

有一个研究方向关注的是理论的一个核心支柱：所谓超对称的性质。尽管它不是专门作为弦论的证据，但超对称粒子的发现将会是重要的一步。毫无疑问，超对称的发现会带着我们超越目前的标准模型并要求一个新的万物理论。弦论理论家会有理由地指出，数学上已经有了一个万物理论的候选：弦论。

因此我们可以希望，或许在不太遥远的未来就能发现超对称的证据。当超弦理论装备上超对称粒子所产生的信息时，应该就有可能看到所产生的广义相对论的量子理论是否解决了级列问题，即希格斯玻色子和其他粒子的质量在它们观测到的值上是稳定的，而且不用通过量子引力的作用力来讨好普朗克尺度。

然而，宇宙常数的问题仍然存在。难以想象，120个数量级的数值微调能够被大型强子对撞机里的一系列超对称粒子的发现所解释。在我看来，更有可能的是，超弦理论的多元宇宙方面会成为解释宇宙常数问题的头号选手。

但是，要科学地建立多元宇宙更成问题。理由是很直接的：因为我们和其他宇宙之间没有交流的可能，不存在检验多元宇宙理论的经验性的方式。这提出了一个意义深远的问题：如果一个科学理论是优雅精致与已知事实相一致的，它还需要被实验测试吗？基于这一标准，有没有一个万物理论能够被接受，即使它不能被解出？这一问题在近些年已经非常突出，特别是在超弦理论的多元宇宙解决方案被发现之后，这些方案即使在原则上也超出了实验可证伪的范围。出现的让人不太舒服的问题是：这是否还能被视作科学，以及是否这个万物理论的候选，从科学的视角看，是一种无物理论（theory of nothing）。

许多科学家将这个特定概念视为非科学的。用乔治·埃利斯（George Ellis）和乔·西尔克（Joe Silk）的话说，[5] 这个"包含了无数的宇宙的万花筒式多元宇宙"设置了一个基本的挑战：另一个世界不需要有与我们宇宙一样的基本常数的这一观点引起了这一问题，即什么决定了我们宇宙中基本常数的值。埃利斯说道："在一个一般的多元宇宙模型中，任何能发生的事情都会在某地发生，所以无论任何数据都能得到安置。因此，它完全不能为任何观察检测所证伪。"[6] 如果我们同意波普尔，一个理论必须要是可证伪的才是科学的，那么根据推理，多元宇宙的概念就要在科学之外了。

多元宇宙的存在不太可能被我们特定的"次宇宙"（sub-universe）中的观察所确证。但是史蒂文·温伯格提出，这对理论的科学有效性也不是必然致命的。"多元宇宙的想法是推测性的，"他说道，"但它并不是完全不合理的推测。某一天，多元宇宙的存在可能会通过从另一个实现成功预测（得到证实）的理论中演绎出来而得到确证。"[7]

科学理论即便仅仅被部分地理解的时候也可能还是有用的。一个例子已经遍布我们的大部分故事之中：量子理论。这可能是最可能保留在一个最终理论之中的物理学基础，但是它还是充斥着看起来与我们关于事物如何行为的直觉性观念相冲突的概念。量子力学理论是科学，因为它在原则上是可证伪的。它已经经

128

受了无数的实验的检验，也做出了数不清的成功的预测。

这个多元世界可能是一个生产性的数学装置，但是这并不要求它所有的组成宇宙都有"实在性"。我们可能注意到德国数学家大卫·希尔伯特（David Hilbert）的警告："尽管无限性对于完整数学是需要的。"希尔伯特被普遍认为说过，"它在物理宇宙中任何地方都不存在"。这为例如量子电动力学的无限性谜题奠定了基础，这一谜题有杀死这个理论的威胁，除非可重整化的技术使得这一数学的非物理性部分被消除。

这就是关键。数学概念是使得我们能够去探究实在的工具，但它们本身并不必然地蕴含物理实在。优美性可能是追求万物理论的一个指引，但它不能成为审判法官：支持一个理论的证据必须是实验性的或观察性的，而不仅仅是理论性的。我们应该让历史成为我们的指引，因为一些实验已经证明了，许多优美又简洁的理论是错的。

例如，在17世纪，德国天文学家约翰尼斯·开普勒（Johannes Kepler）确信他已经发现了对太阳系结构的解释。他拿出五个常规的正多面体（正四面体、正六面体、正八面体、正十二面体和正二十面体），并在每个正多面体里面和外面各安装一个球体。当他将这些球体相互嵌在一起时，他发现球体的半径——几乎——是与当时所知的 6 个行星的轨道半径成比例。他的"理论"有着诱人的几何美感，这使他确信他已经无意中发现了上帝的计划。他写道："我感到非常激动，在无比和谐的神圣场景中，我被一种不可言说的狂喜所占据。"[8] 但是他的理论是错的：开普勒的行星模型最终被推翻了，而且不仅仅是因为其他行星的发现。

尽管开普勒对行星安排的描述是错的，但更好的数据的出现引导他对它们的运行做出了准确的描述：行星的轨道不是圆的，而是椭圆的；而且太阳的位置不是在中心，而是在椭圆的一个焦点处。这些洞见随后启发了艾萨克·牛顿的引力定律，并开启了对万物理论长达四个世纪的求索。

万物量子理论

斯诺克球按照牛顿定律所决定的方式相互撞击反弹，然而遵循量子力学的规则的原子束却在一些方向上散播得比其他方向上的多。牛顿力学是决定论式的，而量子力学则不是，这是一个影响深远的区别。经典力学会是万物理论中的基础性的部分这一信念，看起来被通向量子力学的过程中决定论的缺乏所推翻。如果量子力学是最终理论的一个本质性的支架，牛顿定律又如何能自称是基础性的呢？

答案是，决定论和牛顿力学都不是基础性的。这二者都是从基础的量子规则中突现出来的有效描述。从 18 世纪起，就有一些线索表明经典力学不是基础上决定论的，尽管这些线索的重要性只有在近几十年才被完全认识到。其关键是由牛顿之后的一个世纪的法国数学家和天文学家约瑟夫-路易斯·拉格朗日（Joseph-Louis Lagrange）发现的经典力学的一种表述，其揭示了经典力学中的决定论不是基础性的，而是"从简单规则中突现出来的有组织的行为"的一个案例。[9]

要明白这是如何发生的，让我们回到经典力学面临的基本挑战：如果你知道一些物体目前所处的位置，它们在未来某个时刻会在哪里？允许我们回答这一点的牛顿运动定律启发了能量概念。存在一种能量与运动相联系，即动能以及势能，即一个物体的所处位置和状态给了它获得动能的潜力。势能和动能之和保持为一个常数。

拉格朗日的天才之处在于关注一个物体的动能和它的势能之间的区别。如果你将这一区别在物体运行轨迹上从头到尾的每一点的数值相加，你会获得一个加和（或积分），即作用量（action），它有着与我们之前见过的一样的量纲——能量和时间的乘积。它突出的特征是，一个物体从一点到另一点在一个特定量的时间内所选取的路径就是最小作用量。一般来说，最小化作用量的路径是与那些满足牛顿定律的路径相一致的。

例如，在没有外力的情况下，一个物体的自然倾向是沿着直线运行，而不是按照无限数量可能的 Z 字形或曲线运行。这是因为在这种情况中，最短的路径有着最小作用量。不过，在量子世界中，粒子看起来能够去任何地方，甚至在没有力作用于它们的时候，它们也能偏离于一条直线。那么，最小作用量的原则是如何产生并使牛顿的经典力学生效的呢？

拉格朗日对作用量的关注揭示了经典力学中的一个意料之外的神秘之谜。仿佛一个物体在出发之前，先抽样检查了多有可能的路径，计算了它们的作用量，然后决定采纳那个神奇的方案。作用量的这一有目的性的方面，借此经典力学的物体似乎事先知道如何到达它想去的地方，确实非常怪异。

1946 年，通过关注作用量，美国理论学家理查德·费曼（Richard Feynman）展示了经典力学是如何从底层的基础的量子力学中突现出来的。开始，他假设并不只是那些符合最小作用量的路径，而是所有的路径都是可能的。他想象时间被切分成了碎片，然后问，如果一个粒子在时间 0 上处于某一点，它在一个确定的稍晚时间处于另一点的概率是多少呢？在他看来，概率是一个被称为概率幅（probability amplitude）的复数（complex number）的平方，概率幅是与作用量直接相联系的。这一概率幅的数值沿着任何路径振荡，

132

就像一个波一样。

这里的思路是，首先计算粒子到达另一个点所能采取的每个路径的作用量的值，包括那些在正常经验中显得荒谬的轨迹。当一群粒子聚集在一起来组建一个大物体，比如一个分子，它们在那些非常靠近经典轨迹以外的所有路径上的单独振幅就相互抵消了。

这些思路可能看起来奇怪，但我们实际上已经非常熟悉它们：它们与光线从一个源头向所有方向放射出来的情况下，光线的有序几何结构从电和磁场的波荡起伏铺散开的波里面突现出来是类似的。法国数学家皮埃尔·德·费马（Pierre de Fermat）发现了 17 世纪的黄金规则：在光波可能从一点到另一点之间采取的所有可能路径之中，实际路径是光采取最短时间的路径。沿着这一路线，它们看起来就像简单的射线。

类似的进路也适用于原子性的粒子，比如电子。在费曼看来，自然是完全民主的，对一个电子能去往哪里没有任何限制。一个电子取样调查了空间和时间上所有可能的路径。在费曼的概率幅里，电子多种多样的可能路径的波的值会在每个地方相互自毁，除了最短的"光学"路径，因而造成了以射线传播的表象，正如粒子一样。

费曼表明，经典力学从量子定律中突现出来，其连接就是作用量。作用量与普朗克常数 h，有着相同的量纲。量子力学在作用量与 h 差不多大小或更小的时候起支配作用。不过，当作用量远大于 h 时，量子的民主让位于我们称之为经典力学的更严格的现象。因而，当作用量比普朗克常数 h 大时，经典力学从基础的量子力学中突现出来。

量子力学不是决定论式的，但是基础层面的经典力学同样不是。经典力学只是看起来如此，这是由于牛顿表述他的理论的方式，也由于后来爱因斯坦对牛顿构建的理论进行的概括。在现实中，决定论是一个派生出的概念，拉格朗日对作用量的关注则更加接近于自然最本质性的公理。

这里的教训是，有些看起来关于自然的基础性事实可能也只是实践的事实，而不是必然的基础性的。拉格朗日的量子力学进路揭示，牛顿定律是从更深层次的现实中突现出来的。量子世界是浸在这一更深层级的。

因此量子理论可能确实对一个最终理论来说是基础性的，就像温伯格论证的那样。还有多少其他的被我们视作基础性的东西在那里呢？量子场论是建立在时空局部性之上的有效理论。就像普林斯顿的理论家尼马·阿尔卡尼-哈米德（Nima Arkani-Hamed）曾经提出的，"一定有某种新的方式来思考量子场论，在其中时空的局部性不再是演出的明星"。他然后建议道："找到这一重新构想可能会同发现经典物理学的最小作用量的构想类似。通过将时空从我们对标准物理学的描述中的主要位置上去除，我们可能处于一个更有利位置来跳跃到下一个理论，在那里，时空停止存在。"[10]

我们已经看到那些之前并不显然的关于大量粒子的现象和概念如何从奠基的基础性理论中突现出来。例如，牛顿的方程没有说任何关于时间的方向的东西，但是它们支持了一些热力学第二定律和时间之箭从中突现出来的现象。与此同时，单个斯诺克球的动力学尊重牛顿定律的时间可逆性。这个球由大量合作的粒子组成，它们合起来的作用量大大地超过了普朗克常数 h 的大小，于是经典的结果就突现出来了。

对费曼来说，单个电子的路径在时间中向前和向后，仿佛时间本身没有基础性的存在一样。这或许显得古怪奇怪，反物质的存在是其中一个启示。当大量的原子合作时，牛顿的力学的万物理论突现出来，而热力学则是当大量的宏观构成部分被包含在内时伴随着时间之箭出现。但是在一个单个原子粒子的最底层级，当从费曼的视角来看，空间和时间的语词本身变得模糊。

时间的"感觉"本身就是我们宏观感觉的一个产品，宏观感觉是大量的原子合作的结果。宏观系统的现象和概念出现，但当它仅仅被应用于一个或两个粒子时，它在基础性理论中一点也不明显。一个碳原子可能与另一个完全相同，但是将足够多的它们放在一起时，它们就能变得有自我意识。

这将我们带回我们在第二章看到的真言：生命、宇宙和万物。生命当然是突现出来的，就像宇宙可能也是这样。至于奠基的基础性的万物理论，它也可能会突现——只要给时间。

7

回到未来

如果开尔文勋爵在今天发表他的"两朵乌云"的
演讲，他一定会将确定一个可行的引力量子理论的尝
试认定为风景图上的一个污点。随着量子场论和引力
的量子理论的结合，它便是一个基础性的问题；而这
一结合对于一些科学家来说是一个暗示，即空间和时
间可能从一些更加基础的概念中突现出来。我们已经
看到量子力学和/或我们关于时空的图景一定是幼稚
的。关于普朗克能量尺度以上碰撞的思想实验产生了
黑洞且阻碍了我们解决更短距离尺度的能力，这一思
想实验给了我们去往后续理论的更丰富本质的线索。

量子力学是建立在海森堡的不确定性原理之上的，
根据这一原理，由能量为 E 的超高能粒子探测到的空
间分辨率 x 是未确定的（indeterminate）或者说"不确
定的（uncertain）"，其程度是由光速的数量级乘以比
率 $\hbar/E$ 给定的，其中 $\hbar$ 是普朗克常数除以 2π。距离和
能量之间的关系是图 9 中较低的曲线。不过，一个黑
洞的大小随着能量的增长限制了最终的分辨率。"禁
区"是图中的阴影部分。在能量相对于普朗克能量较
低的地方，这没有产生任何实践上的限制，而传统的
不确定性关系——它意味着当能量接近无限时，距离
的分辨率会趋向于零——保持为真。但是在能量非常
高的情况下，禁区重写了天真的量子不确定性。

这些因素的有效结合在图 9 中扭曲成 U 形的加粗
曲线中得到说明。其含义是，存在一个实验可达到的

最小长度。你可以将其视作对时空的修正——由传统量子理论和广义相对论联姻引出的粒度（granu-larity）——抑或是将它视为我们目前对量子不确定性的描述的一个例示，就像较低的曲线所表达的那样，仅仅是对一个有整个 U 形曲线描述的更丰富关系的低能量近似，这只是一个选择问题。

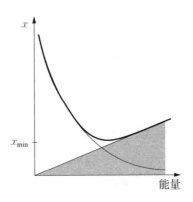

图 9　黑洞和量子不确定性。距离和能量之间的量子不确定性最终进入了一个区域（阴影部分），这个区域因为黑洞的产生所以无法为实验所进入。在距离和能量之间产生的联系形成了 U 形曲线。当能量是 10^{19} GeV（10 亿电子伏特）时，x_{min} 的值约为 10^{-35} 米。

　　无论你偏好哪个选择，都有一个历史的先例。就像牛顿定律是爱因斯坦更丰富的相对论的低能近似一样，基于沃纳·海森堡的量子不确定性的表达，量子力学也是一个建立在以 U 形曲线表达的不确定性之上的更完全的理论的低能量限制。

在空间和时间的概念蒸发了的情况下，我们如果
想揭露量子引力的动力学所需要驾驭的庞大能量，看
起来任何可预见的未来都在我们力所能及的范围之外。
但是，也许了解这些条件是有希望的，因为实验已经
完成了——在 138 亿年的宇宙大爆炸当中。在那个时
期中冒泡一样涌现的量子波动已经在宇宙的微波背景
中留下了它们的印记，那是天空中最老的光了。当它
在 1964 年被第一次发现时，它以温度高出绝对零度之
上 3 度的热平衡的形式展示为一个均匀的电磁辐射光
谱。又过了半个世纪，数据揭示了小数点后第五位温
度的变化。这些追踪了在早期宇宙的物质密度中的波
动，而且也是大爆炸之后不久所留下的标记。理论上，
它们能够被破译从而揭示量子引力的动力学以及在这
些第一瞬间中是否存在超弦作用的标志。在未来的几
十年里，这些问题有望得到回答。

我们的宇宙是从一开始的大爆炸中膨胀而来的，
这一广为接受的理论确实存在一些问题。我们的宇宙
在所有方向上看起来都是大、平稳且基本不变的。我
们从北极向外 130 亿光年看到的东西基本上与我们从
南极向外 130 亿光年看到的东西一样。这意味着，宇
宙的这两个区域在过去的某个时间是连接着的。但是
如果宇宙在它整个历史中一直在缓慢地膨胀，那么这
两个相距超过 250 亿光年的区域就永远不可能有过
交集。

7
回到未来

149

根据现代的理论，这里的蕴意在于，就在目前缓慢地膨胀之前曾有一个极其短暂的极速宇宙膨胀时期。在 10^{-33} 秒之内，宇宙像气球似的从一个量子小颗粒膨胀到它初始体积的 10^{78} 倍。在这个开始的爆炸式膨胀之后，就跟随着更加缓慢的膨胀了。

为什么这次膨胀发生了？在它之前发生了什么（如果这个问题有意义的话）？以及这个异常巨大的膨胀是如何被推动然后又消散的？这是三个基本问题。所以即使宇宙膨胀对最终理论来说是基础性的，它的很多细节也仍有待处理，最终的万物理论的来临也因为这三大问题的保留而不会宣告物理学的终结。

根据超弦理论，新生的宇宙的基本构造包含了不止我们所知的空间和时间这四个维度。虽然后者已经随着宇宙在这 138 亿年间增长了，但其他的维度还保持在普朗克长度数量级的极小尺度上。如果在 10^{-35} 米的尺度上对我们感知为点状的粒子进行分辨，会展现为一个维度的狭缝——弦，而更高维度的构体则叫作膜（就像在"膜状物"［membrane］中一样）。这些结构都在十维的景观中存在。

在膨胀过程中，时空中的量子波动使膨胀的速率是在不同地方和不同瞬间变化的。就像一个膨胀的气球表面上的点会随着气球变大而摇动，一些时空的区域会稍微靠近，而其他的可能稍微变远。所以与相对空洞相匹配的密度增加的区域将出现。这些时空中的摇动在量子不确定性中对应于粒子冒泡般地出现和消失。推动在我们四个大尺度维度上的膨胀的能量能在其他极小的维度上消散。当推动膨胀的能量已经被消耗了之后，缓慢的膨胀仍然持续。能量的局部性调整就像引力井，物质在其中经过漫长的时间逐渐累积最终构建了星系团。因而，宇宙的微波背景中的波动播种了我们目前井然有序的宇宙的原始的不平衡。

尽管技术不太可能在我们的这一生中允许我们实现这样的条件，但对我们来说很幸运的是，如果理论是正确的，自然早已在早期宇宙的膨胀纪元开展了实验。结果则以在温度于十万分之一的数量级的波动刻在宇宙的微波背景当中，这让我们想起阿尔伯特·迈克耳孙关于在小数点后第六位（在这里是第五位）寻找未来的真理的评论。自然可能在比如黑洞碰撞和融合的时候再一次重复这些条件的这些方面。

因此，挑战在于如何能够辨认出这些事件的痕迹并将它们解码。2016 年，科学家宣布首次探测到引力波。这些波是当两个黑洞碰撞的时候产生的。这一结果证实了广义相对论以及引力波是以光速传播的。未来几年将会有架设在印度的第三台激光干涉引力波天文台检测器加入到现存的两台的行列，这样引力波就能够在三个略微不同的角度被观察到。这应该（有希望地）建立这一点，即引力波的行为就好像由一个张量场产生的——相比于例如和光子或 W 玻色子相联系的矢量场。

宇宙膨胀的时代是在宇宙的微波背景之中编码的。如果我们能解码其图案，那么原则上我们就可以演绎推理出适用于普朗克尺度的动力学的本质。宇宙的微波背景辐射被预期是偏振的（polarised），就像散射光一样（这产生了偏光太阳眼镜的产业）。通过测量它的偏振，我们就有希望能了解引力波是如何从开始的量子状态中产生的。

因此，我们处于一个类似于 19 世纪科学家们在尝试测量原子的光谱时看待自己的情形。他们发现了像条形码一样的线条图案，但是没有理解它们的重要性。这些光谱线后来被解码为揭示原子结构的证据，最终导致开尔文的乌云的消散。宇宙的微波背景中的波动是我们的 21 世纪类似的自然条形码。如果我们能够破译它们的信息，我们可能就可以解决量子引力的动力学并去除掉目前遮蔽万物理论的那些乌云。

我们可能期待下一个万物理论什么呢？任何知道这个答案的人一定会在诺贝尔奖的最后名单上。此时此刻，在这样一个答案缺失的情况下，我们能够概括出也许还潜伏在我们目前最好的理论中的可能的"隔离区"。

其中之一就是对我们之前看到的量子不确定性的修正。量子力学可能是最终理论的一部分，但是它所基于的不确定性原理——高能量没有限制地通达较短

143

间隔的空间和时间——是某个更一般性原则的近似。在黑洞的形成中已经有了相关线索，即在非常高的能量那里，一个增长的时空的内容是实验不能实现的，就像图9例示的。如果这确实是自然的机制，那它表明我们目前的量子理论是一个更丰富结构的低能量近似。假如的确存在一个最终的万物理论的话，它看起来很有可能会建立在能量和时空之间的相互关系的延伸之上。我们现存的建立在海森堡的不确定关系之上的量子力学因而是一个近似，仅当能量显著地低于普朗克尺度——10^{19} GeV 时，它是有效的。

你可能会想，"又来了"：看起来是万物理论的理论原来又是一个近似，仅当一些与更丰富的理论相关的量过于遥远而没有意义时，它能保持有效。我们已经见到相对于光速来说微不足道的速度，以及相对于普朗克常数来说数值太大的作用量，它们是使牛顿力学有资格成为当时的万物理论的条件。引力在狭义相对论中被完全地忽视了，而广义相对论看起来在实践中是有效的，只要量子效果是被忽略掉的。还有一种可能就是，广义相对论只有在微弱的引力场中为真，对于强引力而言则必须要进行修正或延伸。随着引力波探测仪探测结果的累积，这一点能够在未来十年内被实验所测验。如果强引力场揭示了新的真相，它们可能影响到我们对大爆炸的理解，而且可能也对那个显著的未解之谜有所启发：究竟大爆炸真的是时间的

144

开端，还是有什么东西在它之前呢？

当大量的粒子包括在内时，我们已经看到时间之箭从力学当中突现出来，它与混乱或熵的增长相联系。根据热力学，最低熵的状态或者说最有序状态要求温度接近绝对零度。这导向了一个谜题：为什么宇宙在大爆炸时处于低熵和高度有序状态？这是不是一个关于在大爆炸"之前"存在什么的线索？我之所以在"之前"上面加上引号是因为时间——至少，按照我们理解的——是自大爆炸开始的，因此很难有一个关于"之前"的定义。所以我的猜想是，在某个未来的万物理论中，空间和时间将会变得不再是基础的，而且会从某个更深层的概念中突现出来。任何第一个确立这是什么的人将进入科学的万神殿，与牛顿、麦克斯韦和爱因斯坦站在一起。现在，对终极的万物理论的追寻依然继续。

145

注
释
和
参
考
文
献

第一章 146

1. 1894 年于芝加哥大学瑞尔森实验室（Ryerson Laboratory）的揭幕典礼上所做的演讲。引自芝加哥大学 1896 年的年纪事，第 159 页。

2. 民间传闻将这一说法归于开尔文勋爵，但似乎并没有证据显示他的确在 1900 年的讲话中说了这句话。这句话并未出现在他该年关于"两朵乌云"的演讲中。他可能是在更早的时候说了这句话，并启发了阿尔伯特·迈克耳孙。见，例如：Steven Weinberg, *Dreams of a Final Theory*, New York, Vintage, 1994, p. 13；又如：en. wikiquote. org/wiki/William _ Tomson♯cite _ note-1。

3. 开尔文勋爵，"Nineteenth Century Clouds over the Dynamical Theory of Heat and Light", *Notes and Proceedings of the*

Royal Institution, vol. 16, 1902, p. 363. 这一演讲是在 1900 年 4 月 27 日发表的。

第三章

1. 丹尼尔·伯努利（Daniel Bernoulli），*Hydrodynamica*, 1738, as quoted by J. Bernstein, *Secrets of the Old One*: *Einstein 1905*, New York, Copernicus Books, 2006, p. 106.

2. 电子伏特（eV）是一种能量单位：是指当一个电子被 1 伏特的电势差所加速时获得的能量。一千、一百万和十亿单位的电子伏特，即千伏特、百万伏特和十亿伏特，分别被标为 keV、MeV 和 GeV。在室温下，一个空气中的原子所具有的典型的动能大约是 1/40 eV。

第四章

1. 光电效应经常被错误地描述为光子是一种粒子的证据。事实上，这只是证据的一半。光电效应论证了能量的转换，但如果要证明涉及的是粒子，就还要求其论证动量是守恒的。亚瑟·康普顿（Arthur Compton）证明了在光被例如一个电子等带电粒子散射的过程中，动量和能量都是守恒的，他也凭此获得了 1927 年的诺贝尔奖。由此，著名的康普顿散射（Compton scattering）也就成了关于光子的粒子性的完整证明。

2. 角动量作为旋转运动的一种性质类同于更为人们熟悉的直线运动中的动量。

3. 开尔文勋爵在 1900 年 4 月 27 日发表了他"两朵乌云"

的演讲。马克斯·普朗克在 1899 年提出了他的第一个关于黑体辐射的理论，但不久就被实验所反驳——也即开尔文勋爵所说的两朵乌云之一。在 1900 年的下半年中，普朗克多次试图修正他的理论。1900 年 12 月 14 日，在普朗克向德国物理学会（German Physical Society）做的报告中，能量的量子化被首次提及（引自 www-history. mcs. st-and. ac. uk/Biographies/Planck. html）。

4. Paul Dirac, "Quantum Mechanics of Many-Electron Systems", *Proceedings of the Royal Society A*, vol. 123, 1929, p. 714.

5. 光速 c 和 $\hbar(\hbar = h/2\pi)$ 的乘积大约在 200 MeV fm 的量级。这里 MeV 代表百万电子伏特（室温中一个原子具有的动能大约是 1/40 eV）。

6. Frank Close, *Nuclear Physics: A Very Short Introduction*, Oxford University Press, 2015, p. 57.

7. 关于镜面对称还有许多微妙之处，但已超出本文的范围。可见 Frank Close, *The New Cosmic Onion*, London, Taylor & Francis, 2007, p. 57。

8. 严格上讲，处于反对称量子态。

9. 理论上，希格斯场可以给光子以质量，但我们宇宙的希格斯场恰好无视了光子而仍让其无质量。这方面理论最早由汤姆·基伯（Tom Kibble）在如下论文中提出：Tom Kibble, "Symmetry Breaking in Non-Abelian Gauge Theories", *Physical Review*, vol. 155, 1967, p. 1554. 见 Frank Close, *The Infinity Puzzle*, Oxford University Press, 2013, p. 171。

第五章

1. Weinberg, *Dreams of a Final Theory*, p. 211.

2. 正如前一章中所述，核物理学家所使用的 $\hbar c$ 这一单位的量级大约在 200 MeV fm。1 fm 等于 10^{-15} m，1 MeV 是一百万电子伏特。

3. 千瓦是功率的单位。1 千瓦等于 1000 焦耳每秒，因此 1 kWh 等于 3600000 焦耳。

4. 关于爱因斯坦是否真的明确地说了这样的句子，见：Galina Weinstein, arxiv. org/abs/1310. 1033。

第六章

1. 当能量密度被引入爱因斯坦的等式并且乘以其他已有的量时，就会发现宇宙常数的维度与面积成反比。数据表明，当成反比的面积为一个边长为 100 亿光年的正方形时，宇宙常数所对应的数值为 1 的量级。这实际上是大爆炸那时的光之后所传播的距离，换言之，也就是可观测的宇宙的范围。但是，宇宙常数应该当集中于一个边长为普朗克长度（约 10^{-35} 米）的正方形时就具有 1 的量级，而非一个遍及整个可观测的宇宙时才有。

2. 我使用"弦论"来指称一般的理论，而使用"超弦理论"来指称弦论与超对称性的结合。

3. Robert Laughlin, *A Different Universe*, New York, Basic Books, 2005，p. 212.

4. 乔治·埃利斯给作者的评论。

5. 乔治·埃利斯和乔·西尔克给作者的评论。

6. 乔治·埃利斯给作者的评论。

7. 史蒂文·温伯格给作者的评论。

8. 引自：Frank Wilczek, *A Beautiful Question*, London, Allen Lane, 2015, p. 50。

9. Laughlin, *A Different Universe*, p. 200.

10. 引自：Nima Arkani-Hamed, www. sns. ias. edu/ckfinder/ userfiles/files/daed _ a _ 00161(3). pdf。

延
伸
阅
读

这里我列出了一些我认为有帮助的书籍、文章和
网站。

最终理论

1980 年，当斯蒂芬·霍金获得剑桥大学数学的卢
卡斯教授教席的时候，他在一场 8 月大会上进行了演讲
并向听众抛出了这样一个问题："理论物理是否已经看
见了它的终结？"霍金自己的回答是，在 20 世纪结束的
时候，有五成的机会出现一个完全统一的理论。他的演
讲内容转载于 *Black Holes and Baby Universes and
Other Essays*（London，Bantam Books，1994）。围绕着
霍金所说内容、含义以及其是否正确存在着相当多的讨

论，例如参见 www. timeone. ca/hawking-end-physics/ ♯ sthash. JT6t9rIb. 13Vw35KR. dpuf 和 affinemess. quora. com/ On-Hawkings-G％ C3％ B6del-and-the-End-of-Physics。 要了解讨论的水平，可参见 www. physicsforums. com/ threads/hawkings-end-of-physics. 583692/。

开尔文爵士的演讲由 1901 年的 *Philosophical Magazine* 报导，也可以阅于 blog. sciencenet. cn/home. php? mod= attachment&filename = 19c％ 20clouds. pdf&id = 54606。按照史蒂文·温伯格在 *Dreams of a Final Theory*（New York，Vintage，1994）中的说法，迈克耳孙关于第六位小数点的评论似乎源自 1894 年他在芝加哥大学的一场演讲。虽然温伯格的书已经出版超过 20 年了，它仍然是关于向最终理论进行的探索的历史与哲学的最好纵览。在其中，温伯格极力主张量子力学将是任何最终理论的一部分。此书第四章中提到的，保罗·狄拉克关于"奠基性物理定律……已经全部为人们所知了"的论断被包含在 P. A. M. Dirac，"Quantum Mechanics of Many-Electron Systems"，*Proceedings of the Royal Society A*，vol. 123，1929，p. 714。

经典力学

艾萨克·牛顿将他的力学定律和万有引力定律陈述于他的书 *Philosophiae Naturalis Principia Mathe-*

matica 中；英译可参见 *The Principia*：*The Authoritative Translation and Guide*（translated by I. Bernard Cohen and Anne Whitman，Berkeley，University of California Press，2016）。

伊恩·斯图尔特（Ian Stewart）在 *Calculating the Cosmos*（London，Profile Books，2016）中展现了在诸多应用（例如计算行星轨道）中经典力学所具有的力量与美。

量子物理学

对于探索量子宇宙的奥妙而言，一个好的起点可以是约翰·格里宾（John Gribbin）所著的 *In Search of Schrödinger's Cat*（New York，Bantam Books，1984）和托尼·海（Tony Hey）与帕特里克·沃尔特斯（Patrick Walters）合著的 *The Quantum Universe*（Cambridge University Press，1987）。海和沃尔特斯这本书的添加了许多新内容的新版本是 *The New Quantum Universe*（Cambridge University Press，2003）。关于量子理论的诞生以及量子力学的发展的最完整的历史书籍是亚伯拉罕·派斯（Abraham Pais）的经典著作 *Inward Bound*（Oxford University Press，1986）。此书同样还包含了为许多有志于深探这一主题的人所做的数学上的评论。这一领域中一个更近期的非常易读而不涉及数学讨论的著作是葛莱汉姆·法默洛（Graham Farmelo）的 *The Strangest Man*（London，Faber & Faber，2009）。保罗·狄拉克的传记非常好地阐述了他是如何创造了如今以他名字命名的等式，以及他所发明的量子电动力学和其应用。

热力学

时间之箭的产生被记录在许多书之中。彼得·科文尼（Peter Coveney）和罗杰·海菲尔德（Roger Highfield）所著的 *The Arrow of Time*（London，W. H. Allen，1990）能够非常好地帮助读者深入探究这一主题。如果想要更好地了解大爆炸理论中熵的谜题，我推荐肖恩·卡罗尔（Sean Carroll）所写的 *From Eternity to Here*（New York，Dutton，2010）一书。卡罗尔还讨论了地球上生命的突现如何与热力学定律相一致。

相对论

从导论介绍到大学教科书，关于相对论的书籍数不胜数。一本不涉及数学知识、全面介绍的书是托尼·海和帕特里克·沃尔特斯所著的 *Einstein's Mirror*（Cambridge University Press，1997），这本书还展示了相对论如何影响了我们的日常生活。亚伯拉罕·派斯

的经典著作 *Subtle Is the Lord*（Oxford University Press，2005）中记录了爱因斯坦的生活与工作，以及一些关于相对论的解释。

核与粒子物理学

在 *A Beautiful Question*（London，Allen Lane，2015）中，弗兰克·威尔切克（Frank Wilczek）对当今粒子和力的核心理论、标准模型给出了生动有趣的介绍，并且强调了对称性所扮演的角色。他详细介绍了詹姆斯·克拉克·麦克斯韦的工作，书中第 41 页图表一中给出的总结图示便是基于他的概念。威尔切克解释了麦克斯韦如何受到启发来修正安培定律从而创造具有数学对称性的等式。这本书出色地介绍了带色荷的夸克和量子色动力学的观点，这也是威尔切克获得诺贝尔奖的领域。

我在如下两本小书中为非专家人士介绍了核物理学和粒子动力学的基础：牛津大学出版社的"Very Short Introduction"系列丛书 *Particle Physics-A Very Short Introduction*"（Oxford University Press，2004）和 *Nuclear Physics-A Very Short Introduction*（Oxford University Press，2015）。另一本更详细的书是 *The New Cosmic Onion*（London，Taylor & Francis，2007）。我在 *The Infinity Puzzle*（Oxford University Press，

2011）一书中阐述了现代粒子理论的历史和发展历程，其中涵盖了对重整化和希格斯粒子的介绍。

超对称与超弦理论

戈登·凯恩（Gordon Kane）的 *Supersymmetry*（New York，Perseus Books，2000）一书介绍了超对称性的基本概念。布赖恩·格林（Brian Greene）非常易读的著作 *The Elegant Universe*（New York，W. H. Norton，revised edition，2003）则给出了关于超弦理论的介绍。虽然超弦理论已经广为人们所知，但它并不是建立关于引力的量子理论的唯一理论尝试。要获得一个更广视野的理解，彼得·沃特（Peter Woit）对构建统一理论的尝试的重要研究是一个很好的起点。这本书的名字就已经说出要害了：*Not Even Wrong：The Failure of String Theory and the Continuing Challenge to Unify the Laws of Physics*（London，Jonathan Cape，2006）。沃特质疑了是否弦理论是真正的科学，并且介绍了其他一些创立引力的量子理论的尝试，例如"圈量子引力论"。

突现

罗伯特·劳克林（Robert Laughlin）的 *A Different*

Universe (New York，Basic Books，2005) 一书的主题围绕"什么最开始被视为是基础的而实际上突现于一些更基本的性质"而展开。经典力学从量子定律中的突现是劳克林所讨论的中心问题。这一源自理查德·费曼的关于量子力学的图景，在约翰·格里宾和玛丽·格里宾 (Mary Gribbin) 合著的 *Richard Feynman-A Life in Science* (New York，Dutton，1997) 中同样得到了描述。这本书介绍了量子电动力学并给出了费曼的观点所产生的历史背景。量子电动力学的创造者——理查德·费曼，他的 *QED -The Strange Theory of Light and Matter* (Princeton Science Library，1985) 完美地给出了对量子电动力学相关观点的优美阐述。

空间与时间到底是否突现于某些更深层的理论？这是普林斯顿大学理论学家尼马·阿尔卡尼-哈米德，在一项对理论物理当前状态和对万物理论的追求的杰出研究的结尾处所提出的问题。他的这一文章启发了本书第七章的部分内容："The Future of Fundamental Physics" (*Daedalus*，The Journal of the American Academy of Arts and Sciences，2012)，电子版可见于：www. sns. ias. edu/ckfinder/userfiles/files/daed ＿ a ＿ 00161％283％29. pdf 。

致

谢

我非常感谢约翰·戴维（John Davey）向我建议这一题目，以及约翰·伍德拉夫（John Woodruff）和保罗·福迪（Paul Forty）在本书成书过程中的帮助。

索引

A

acceleration（加速）

  expansion of the universe（宇宙的扩张）103

  of a magnet（一块磁体）35

  of the Moon（月球）12

  not absolutely measurable（没有绝对的测度）91

  sensing（感知）20 – 21

  the action（作用量）81, 131 – 4

action and reaction（作用力和反作用力）12

alpha particles/alpha decay（阿尔法粒子/阿尔法衰变）55, 58, 62 – 3

Ampère, André-Marie（安德烈-玛丽·安培）35

Ampère's law and Maxwell's extension（安培定律和麦克斯韦的拓展）36 – 8

Anderson, Philip（菲利普·安德森）76 – 77

angular momentum/spin（角动量/自旋）49, 105

antimatter（反物质）

  antineutrinos（反中微子）69

  antiquarks（反夸克）71

  positrons（正电子）52

  predicted existence of（预测其存在）52, 70 – 71, 134

  virtual antiparticles（实质的反粒子）106, 108

I

万物理论